松开手，
世界就在你手中

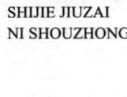
武庆新
编著

SONGKAI SHOU
SHIJIE JIUZAI
NI SHOUZHONG

中国商业出版社

图书在版编目(CIP)数据

松开手，世界就在你手中 / 武庆新编著. —北京：中国商业出版社，2015.7

ISBN 978-7-5044-9029-2

Ⅰ.①松… Ⅱ.①武… Ⅲ.①人生哲学-通俗读物 Ⅳ.①B821-49

中国版本图书馆CIP数据核字(2015)第140797号

责任编辑：朱丽丽

中国商业出版社出版发行
010-63180647 www.c-cbook.com
(100053 北京广安门内报国寺1号)
新华书店总店北京发行所经销
北京建泰印刷有限公司印制

★

787×1092毫米 16开 17印张 200千字
2015年8月第1版 2015年8月第1次印刷
定价：32.00元

★★★★★

(如有印装质量问题可更换)

前　言

在人生奋斗的道路上，我们都想要很多，多一点财富，多一点成功，快一点过上自己想要的生活。可是，在现实生活中，往往是这样的，越是抓得紧、越是浮躁，越是要求速度和结果，事情就越是做不好。

其实，松开手，一切都在你手中。不必急躁，不必为了明天而苦恼今日，否则，今天也会被浪费掉，明天依旧急躁。实际上，只要松开手，只要心慢下来，我们的行动才能快起来。因为，思想是行动的向导，只要我们怀有一颗平静的、沉稳的、淡定的、充实的、坚定的心，一步一个脚印，一点一点地前行，那么成功才会不期而至，才会出现在某个不经意的瞬间。因此，很多时候，我们虽然渴望很多，渴望成功，但是成功并不是最重要的，最重要的是我们要拥有一颗淡然而睿智的心，一颗做好了迎接成功的心。

《松开手，世界就在你手中》就是一本帮助人们整理心理，推动成功的书，"允许自己松开手，放下负担，才能更好地上路"。认真地过好每一天，认真地对待自己、善待自己，学会成功地掌控自己的内心，才能够在成功降临的时候，以最好的姿态做好准备，更加顺利自如地实现自己的目标，完成自己的期望。相反，如果在成长成功的过程中，缺乏一种良好的心理状态，那么任何的行为举动再怎么想也都是徒劳的。

松开手，世界就在你手中

人们常说："什么样的生活态度决定什么样的人生。"确实如此，尤其是在城市中学习和工作的人们，学习接纳生活中的一切，慢慢地放松身心，去除急躁，去除急功近利之心，优先锤炼自己的内心，拥有一颗强大的内心才是最重要的。因为，只有这样，你才能更加高效，更加快速地迈出自己的步伐，实现自己的目标。

"千里之行，始于足下。"要做好、做成一件事，就不能忽视内心的声音。现在，就让我们翻开此书，整理好心情再出发。

目 录

第一章 接纳缺憾——完美只存在于想象中

世上没有最好，只有更好 …………………………………… 003
人生总会有大大小小的遗憾 ………………………………… 005
人生注定与缺憾相伴 ………………………………………… 008
有缺陷的地方更易迸发勃勃生机 …………………………… 011
学会在不完美中寻找美 ……………………………………… 013
坚守自己独特的美 …………………………………………… 016
不完美正是自己的独特之处 ………………………………… 018
宽容过错，保持内心的平静 ………………………………… 022
与其百般思量不如随性而为 ………………………………… 025

第二章 笑对逆境——曲折的生命更精彩

挫折和困难是成功的前提 …………………………………… 031

曲折只是生命中的小插曲 …………………………………… 033
没有经历磨炼的人生是残缺的 …………………………… 035
路是自己走出来的 ………………………………………… 037
抱怨对解决问题没有任何帮助 …………………………… 040
困难的背后必有巨大的幸福 ……………………………… 043
想成功至少要有一颗成功的心 …………………………… 045
成功需要不懈的努力奋斗 ………………………………… 048
与苦难并存的往往是希望 ………………………………… 050
精彩其实就存在于平凡中 ………………………………… 052

第三章 淡然处世——学会控制自己的情绪

风度从来不与生气为伍 …………………………………… 057
与其生气不如争气 ………………………………………… 060
人需要通过争气来证明自己 ……………………………… 062
心有欲则气生 ……………………………………………… 066
火气过大会把理智烧光 …………………………………… 068
不要为琐碎之事大动肝火 ………………………………… 071
冲动是魔鬼 ………………………………………………… 074
笑对暴风骤雨，心灵永远是一片晴空 …………………… 077
被情绪所控就会变得愚蠢 ………………………………… 079

第四章　随遇而安——冷眼看尽世间繁华

以平常心面对人生得失 ………………………………… 085
随缘自适，烦恼即去 …………………………………… 088
得而不喜，失而不忧 …………………………………… 091
没有杂草的心灵才会纯净而美丽 ……………………… 095
给心灵留足宁静的空间 ………………………………… 097
平静地面对生活中的人和事 …………………………… 100
干扰幸福的是那颗不安的心 …………………………… 102
快乐与悲伤均由心而生 ………………………………… 105

第五章　甩掉包袱——放下远比苦苦追求轻松自在

一个人快乐与否并不在于他拥有多少 ………………… 111
生活的真谛在于取舍 …………………………………… 115
舍，看似给予实则获得 ………………………………… 118
甩掉自卑才能释放自我 ………………………………… 122
清空心灵，生活中到处是安乐 ………………………… 125
放得下才能拿得起 ……………………………………… 129
放弃并不意味着失败 …………………………………… 132
无力做到的就放下 ……………………………………… 134

第六章　知足常乐——顺其自然人生更自在

快乐在于心的感受 …………………………………………… 141
快乐远比财富更重要 ………………………………………… 145
刻意追求反而更惆怅 ………………………………………… 149
知足，就是不强求 …………………………………………… 151
不知足，就会心累 …………………………………………… 153
知足者贫穷亦乐 ……………………………………………… 156
可以比，但绝不能攀比 ……………………………………… 160
快乐来源于不比较、不计较 ………………………………… 162

第七章　释然忘怀——错过了就不要再留恋

人生没有回头路 ……………………………………………… 169
不是每一朵花都能如期开放 ………………………………… 172
因为错过，才有今天的美好 ………………………………… 174
幸福的彼岸或许就在脚下 …………………………………… 177
当下拥有的才是最幸福的 …………………………………… 181

第八章　宽心海涵——人生没有过不去的坎儿

平心静气心自宽 ……………………………………………… 187

看开些，人生就圆满了 …………………………………… 191

人生重要的不是拥有什么 ………………………………… 194

人不是活给别人看的 ……………………………………… 197

生活需要做减法 …………………………………………… 200

乐观面对一切 ……………………………………………… 202

心胸狭窄会失掉所有 ……………………………………… 205

第九章　灵活变通——改变不了世界就改变自己

改变命运从改变自己开始 ………………………………… 211

既然无法改变就坦然接受 ………………………………… 213

换一种眼光，世界也许会更美 …………………………… 218

遇到弯路就要转弯 ………………………………………… 220

此路不通就另找一条 ……………………………………… 222

找准位置才有可能成功 …………………………………… 224

摒弃多余的才不会迷失方向 ……………………………… 227

第十章　淡泊名利——富贵于我如浮云

欲望是永远填不满的壑 …………………………………… 233

欲望过多就成了贪欲 ……………………………………… 236

回归自己，心不再向外追逐 ……………………………… 239

欲望无边，人心有度 ……………………………………… 242

丢掉役心之物，别让心灵太累 …………………………… 246

人生烦恼由内心欲望所生 …………………………………… 249
贪婪是一朵艳丽的罂粟 ……………………………………… 252
忌妒是自己给自己套上的枷锁 ……………………………… 256
不为不可为，不求不可求 …………………………………… 260

第一章
接纳缺憾——完美只存在于想象中

> 完美就像冬天晶莹剔透的落雪,刚开始温暖就会融化,亦如春天娇艳芬芳的花朵,走过一季就会凋零枯萎。完美只是一处景致,稍稍疏忽就会残缺,看过就好,不必记在心间,否则就会成为生命中的不负之重。

第一章　接纳缺憾——完美只存在于想象中

世上没有最好，只有更好

不要追求完美，世界上没有绝对完美的艺术品，更没有绝对完美的人，过于追求完美，常常会束缚自己。

有一个男人，很大年纪了还没有找到自己满意的人生伴侣。于是他来到一家婚姻介绍所寻求帮助。进了大门后，便看见两扇小门，一扇写着"漂亮"，另一扇写着"不太漂亮"，男人很自然地推开了"漂亮"的门，迎面又是两扇门，一扇写着"优雅"，另一扇写着"俗气"。男人毫不犹豫地推开了"优雅"的门……就这样一路走下去，男人推开很多扇门，当他来到最后一扇门时，门上写着一行字：对不起，先生，您所需要的伴侣过于完美了，您去天上走一遭吧。

虽然这只是一个笑话，但说明了一个道理：世界上没有十全十美的人，也没有十全十美的事，过分追求完美只会抱憾而归。很多人是天生的梦想家，当梦想碰到现实的时候，总会感到失望和沮丧。

不要追求完美，世界上没有绝对完美的艺术品，更没有绝对完美的人，过于追求完美，常常会束缚自己。常把梦幻带到现实中的人，经常会感到失望和沮丧，不要说完美是尽善尽美，其实完美并非真的完美，即使上帝也做不到完美，如果这一切真的完美，世上怎会有那么多不公平？古语云：水至清则无鱼，人至察则无徒。我们总是希望自己把任何一件事情都做得完美无瑕，害怕犯错，一旦犯了错，就责怪自己，精神与肉体上都会承受极大的折磨。其实，何必这样呢？心宽些，换一种心态，或许就是另一片天地。

一个人的伟大，在于他尝试着去做一个伟人。如果我们要求自己永不犯错，就没有尝试做伟人的机会。这种荒谬的要求，将使我们自己陷于孤立与虚无之中。人类真正的伟大，在于犯了过错之后能超越这种过错。我们都可能犯错，但我们都有能力去超越过错。具备超越过错的能力，就是在肉体上、心智上、精神上成功的开始。

生活中的过错、谬误、不幸和缺失使我们有机会去做自己的事情，有机会去发觉自己真正的价值，有机会去了解真正的自我。一位名人说："圣人不祈求永不犯错；他们相信人类最大的美德，在于知过能改。"

其实，世界上并不存在失败。所谓失败，只不过是别人对我们应该如何做某件事的看法。所以，一旦我们相信没有必要事事都按别人的意图去做，我们也就不会失败了。

然而，有时我们根据自己的标准也未能完成某项具体工作。在这种情况下，关键是不要将这件事与自我价值等同起来。我们在某一具体事情中的失败并不等于我们作为一个人都失败了，我们只不过是在某一具体时刻未能成功地进行某一具体尝试而已。

希望取得成功的原因来自文化传统中的4个字——"尽力做好"，这是渴望取得成功的心理根源所在。"尽力做好"这种误区心理会使我们既不能尝试新的活动，也不能欣赏目前的活动。

12岁应该是个叛逆的年龄，但是对于12岁的蓝心来说却不是这样的，在她的生活里就3件事，学习、吃饭、睡觉。她想的就是一次要比一次进步、一次要比一次成功。她是个标准的全优生，自踏进校门以来就一直如此。她每天花大量的时间拼命读书、做作业，很少和同学们在一起玩，也很少交流。对于她来说真的就是为了学习而学习。就这样，3年过后，蓝心升入高中，高中的学习要比初中繁重很多，蓝心依旧过着像学习机器一样的生活，忽略了全面发展。

蓝心考大学时，听从了父母的意见，选择了心理学专业，其实父母让她读这个专业是有原因的，因为他们发现自己的女儿在与人的交往中有点麻木，他们希望她能在大学的学习生活中改变一下自己。在学习中，蓝心意识到自己的问题，她用学习课程的顽强精神学习新的思维方法。

蓝心升入大二以后，父母发现了她的变化，蓝心和他们开始有说不完的话题，这在以前是很少有的。蓝心甚至还报了舞蹈班，在学校的活动中得了奖。

事事追求完美，拼命做好，这会使我们陷入瘫痪，不要让尽善尽美主义妨碍我们参加愉快的活动，可以试着将"尽力做好"改成"尽力去做"。

其实，在做任何一件事情时，只要我们抱着"没有最好，只有更好"的态度用心去做，在原来的基础上有所进步，就值得我们满足和高兴。对于那些缺憾，我们只需把它们当作教训，引以为戒，并以此来激发下一步的行动，完全不必过于把它们放在心上。生活中，真正给我们教益的是那些曾有的失败、曾经的不完美。要想轻松地生活，就不要苛求生活。完美是一种理想境界，我们可以接近完美，但不可能达到完美。把心放宽，卸下"完美"的负担，我们会生活得更轻松。

人生总会有大大小小的遗憾

人生在世，总会有大大小小的遗憾，这个世界本就不完美，我们要坦然地面对这些遗憾，懂得知足，就会释然。

松开手，世界就在你手中

有这样一对性格不合的夫妇，丈夫 8 次提出离婚要求，而妻子就是不同意。在法院判决中，前 7 次女方总是胜诉，就这样一直拖了 29 年。29 年过去了，妻子的青春年华在拖延不决中消失了，乌黑的头发已成白发，红润的脸颊变黄了，刻上了一道道岁月的痕迹，身体也被折磨得满身病痛。

由于妻子的坚持，婚姻仍然存在，然而爱情早已荡然无存，她失去了幸福的家庭，失去了自己的青春，失去了健康的身体，也失去了再婚的机会，孩子也没有得到真正的家庭温暖。

最后一次，法院判离了。离婚后不到两年，这位不幸的妇女就因病情加重而离开了人世。

很多时候我们以为自己失去了很多，所以很伤悲，其实不用这么悲伤，当我们错过了这个，实际上已经得到了那个，比如一份感情，我们痛惜曾经那么深爱的人分开，其实如果要分开，那么就一定有它分开的理由或者不合适的理由，大可不必那样伤怀，不合适的时候大家彼此放手实际上也是一种理智，当我们失去这份不合适的感情的时候，以后才可能得到真正属于自己的感情，失去的同时也是为下一次的得到打下基础。我们又何必悲哀呢？当真正失去的时候，不要沉浸在自己设置的伤感氛围中无法自拔，其实很多的痛苦都是自找的，要想着当自己错过花的时候就能收获雨，因为上一次的失败才会使都以后成功，人要背着自己的行囊不断前行，而不是停下脚步来不断地吮吸自己的伤疤。

每一份感情都很美，每一程相伴也都令人迷醉。不能拥有的遗憾让我们更感缠绵；夜半无眠的思念让我们更觉留恋。感情是一份没有答案的问卷，苦苦地追寻并不能让生活更圆满。也许一点遗憾、一丝伤感，会让这份答卷更隽永，也更久远。爱情不是永久保证书，但我们可以保证洒脱与幸福。

小洁失恋了之后，变化很大，以前那个活泼可爱的她不见了，笑容也从她的脸上消失了。

看见她这个样子，所有的朋友都很着急，于是，经常找她出来一起玩儿，

第一章 接纳缺憾——完美只存在于想象中

希望能帮助她走出这份痛苦的回忆。甚至还有朋友给她介绍了新男友，不过她还是拒绝了，总说等一段时间再说。

朋友们知道，小洁还是没忘记过去，于是对她说："小洁，别想以前那个男人了，这世界大得很，比他优秀的人多得是，何苦为他生气！我们不能因为一棵树而失去整片森林！"

小洁却睁大了眼睛，说："你们说什么呢？我早就忘记他了，你看，我现在没一点事情！"说完，勉强露出了笑容。然而朋友们知道，其实这是小洁在安慰自己、安慰大家，因为她的笑容没了当年的那种洒脱。

后来，几个朋友坐在一起商量，决定帮小洁走出回忆。一个朋友说："咱们就先给她找个男朋友吧，最好是她不认识的。当然，咱们可以说这是新朋友，然后一点点给他们制造机会。有了新生活，她就会一点点地忘记过去！"

这个建议得到了朋友们的一致认同。于是，他们在一次聚会上找来了一个男孩，并热情地把他介绍给了小洁。一开始，两个人还比较沉默，不过随着渐渐熟悉，加上朋友们的撮合，两个人的交流也热烈了起来，甚至还互留了电话。

看到这个情形，朋友们自然是非常高兴，于是经常举办这种活动。果然过了3个月，这两个人成了情侣，甜蜜得让大家都有些忌妒。有一次，一个朋友小心地问小洁："你前男友怎么样了？"

小洁说："我怎么知道他怎么样，我还有我的生活呢！"说完，大家一起全笑了。因为他们看到，当年那个活泼的小洁终于回来了。

人的一生也许会遇见许多错的人之后才会遇见对的人，失恋是必须经历的人生课堂。真心爱过，在失去的时候当然会痛，但是，生活仍将继续，我们不能沉湎在失恋的痛苦里不能自拔，我们要学会忘记。就像小洁一样，认识新的人，开始新的生活，最终将会有新的幸福。

在《西游记》中，历经艰辛的唐僧师徒在取得真经归来的途中，由于猪

> 松开手，世界就在你手中

八戒毛手毛脚，将一本经书中的一页扯掉了一块儿，唐僧惋惜不已，而此时孙悟空说了这样一句话："师父，不妨事，天地本不全，经文残缺应不全之理，非人力所能为也。"唐僧听完，顿时释怀。由此可见神仙也会有缺憾，何况是凡俗的我们？

人生在世，总会有大大小小的遗憾，这个世界本就不完美，我们要坦然地面对这些遗憾，懂得知足，就会释然。爱情全在于缘分，缘来缘去，不一定需要追究谁对谁错。爱与不爱又有谁可以说得清？当爱着的时候只管尽情地去爱，当爱失去的时候，就潇洒地挥一挥手吧，人生短短几十年而已，自己的命运把握在自己手中，不要过多去在意得与失、拥有与放弃、热恋与分离。

人生注定与缺憾相伴

追求完美是好的，也是人的天性之一。只是在追求完美的同时我们也应该了解，没有哪个人的一生是了无遗憾的，如外貌、性格、经历，而我们要做的就是让自己越来越好。

家琪已经是三十好几的人了，但是到现在依旧是一个人，父母急得白发都多了一层，周围邻居有时也对她说长道短，她是一个有什么说什么的人，丝毫不隐藏，也谈过几个男朋友，但都受不了她的这种性格，最后都分手了。

一次偶然的机会，家琪认识了建祥，建祥离过婚，有个6岁的孩子。由于第一次婚姻的失败，建祥对于婚姻很慎重。在和家琪的交往中，他发现了家琪的善良和固执，他觉得这个女人应该有个人好好去疼她，于是开始追求。

第一章　接纳缺憾——完美只存在于想象中

对于家琪来说，虽然建祥离过婚，还有孩子，但是他毫不掩饰，认为这人很实在，对自己也疼爱有加。于是他们结婚了，虽然一开始不被人看好，但婚后的他们用实际的行动证明了他们的爱，他们说婚姻是两人各削去一半自己的个性和缺点，然后合在一起，组成完整幸福的家庭。

追求完美是好的，也是人的天性之一。只是在追求完美的同时我们也应该了解，没有哪个人的一生是了无遗憾的，如外貌、性格、经历，而我们要做的就是让自己越来越好，当一个人懂得承认自己的不完美时，也就离成功不远了。

人有缺陷并不可怕，可怕的是不能正确面对，自暴自弃。有一位腿有残疾的私营企业主，经过自己十几年的奋斗拼搏，终于成了闻名遐迩的雕刻家和经营雕刻精品的大老板。有人对他说："你如果不是残疾，恐怕会更有成就。"他却淡然一笑说："你说得也许有道理，但我并不感到遗憾。因为如果没得小儿麻痹症，我肯定早下地当了农民，哪有时间坚持学习，掌握一技之长？我应该感谢上帝给了我一个残疾的身体。"

缺陷或大或小、或多或少，人人都有。然而，面对缺陷，大多数人是去掩饰。掩饰缺陷也许是人的天性，毕竟能在大庭广众之下袒露自己缺陷的人实在不多。因此袒露缺陷确实需要勇气，需要战胜自己的懦弱，战胜自己的虚荣，还要战胜世俗的偏见。所有这些，没有超人的勇气是万万做不到的。

人生就是如此，不完美才是真的，只要我们真诚地面对，虽有缺憾，人生也照样精彩。

有一个男人单身了半辈子，突然在43岁那年结了婚。新娘跟他的年纪差不多，但是她以前是个歌星，曾经结过两次婚，现在也不红了。一位朋友觉得他挺亏的，认为这不是一个好的选择。

有一天，他跟这位朋友出去，一边开车，一边笑道："我这个人，年轻的时候就盼望着能开宝马车，可是没钱，买不起。现在呀，还是买不起，只能买辆三手车。"

> 松开手，世界就在你手中

他的确开的是辆老宝马车，朋友左看看，右看看，然后说："三手车？看来很好哇！马力也足！"

"是呀！"他大笑了起来，"旧车有什么不好？就好像我太太，嫁过广州人，之后又嫁过上海人，还在演艺圈待了20年，大大小小的场面见多了。现在老了、收了心，没有以前的娇气、浮华气了，会做一手好菜，又懂得料理家务。说老实话，现在她最完美的时候，反而被我遇上了，我真是幸运呀！"

"你说得挺有道理的！"朋友陷入沉思。

他拍着方向盘，继续说："其实想想我自己，我又完美吗？我还不是千疮百孔，干过许多荒唐事，正因为我们都走过了这些，所以两人都变得成熟，都懂得忍让，都彼此珍惜，这种不完美，正是一种完美啊！"

正因为这个男人能够承认自己的不完美，才不苛求爱人的完美，结果两个人才能结合在一起，组成一个幸福的家庭。

我们应该明白有缺陷并不是一件坏事，那些自认为自身条件已经足够好，以至于无可挑剔、不必改变现状的人往往缺乏进取心，缺少超越自我、追求成功的意志。相反，承认自己的缺陷，正确认识自己的长处与短处，却可以使我们处在一种清醒的状态，遇事也容易做出最理智的判断。在人世间，人是注定要与"缺陷"相伴，而与"完美"相去甚远的。所以要在从容淡定的心态中微笑着面对和承接该来的一切，任凭岁月的风刀利剑斩断羁绊的枝蔓，笑对流年的和风细雨，沉淀过往的真情，也许有一天，我们会发现，当不再刻意去追求所谓的完美时，在别人的眼中，自己也许才真的完美。

第一章 接纳缺憾——完美只存在于想象中

有缺陷的地方更易迸发勃勃生机

不完美是生活的一部分，拥有缺陷是人生另一种意义上的丰富和充实，同时，损伤和缺憾往往是我们进入另一种美丽的契机。

很久以前，有位渔夫从海里捞到一颗晶莹剔透的大珍珠，爱不释手。但美中不足的是珍珠的上面有个小黑点，"美珠有瑕"。渔夫想，如能将小黑点去掉，珍珠将变成无价之宝。可是渔夫剥掉一层，黑点仍在；再剥掉一层，黑点还在；一层层地剥到最后，黑点没有了，然而珍珠也不复存在了。

渔夫想得到的是美的极致，在他消除了所谓的不足时，美也消失在他过于追求完美的过程中了。有黑点的珍珠不过是白璧微瑕，正是其浑然天成、不着雕痕的可贵之处，如同"清水出芙蓉，天然去雕饰"，美得自然、美得朴实、美得真切。美丽的真正价值往往不在于它的完整，而在于那一点点的残缺，就如同缺失双臂的维纳斯，它能给人以无限的遐思，美丽就在这样一种遗憾和遐想中成为极致。

然而，我们经常会看到一些人埋怨生活不美满，这不如意、那不舒心，总之，在他们眼里到处充斥着不完美，从而影响了他们的心情，破坏了他们的生活。其实，人生就是充满缺陷的旅程，生活也不可能完美无缺。十全十美在现实生活中是很难找到的，这种完美之事只存在于人的想象中。正因为有了残缺，我们才有梦，才有希望。

不完美是生活的一部分，拥有缺陷是人生另一种意义上的丰富和充实，同时，损伤和缺憾往往是我们进入另一种美丽的契机。当我们为梦想和希望

松开手，世界就在你手中

而付出努力时，我们就已经拥有了一个完整的自我。人生的美好并不完全取决于完美无缺，而恰恰是因为有缺憾才会有追求和拼搏，才会使自己的生命分外多彩。

美国第 26 任总统西奥多·罗斯福，小时候的他长得不怎么好看，这成为别人嘲笑他的原因。因为他有气喘的毛病，所以当他在教室里被老师叫起来背书时，他的呼吸急促得好像快要断气，两腿站在那里直发抖，牙齿也颤动得像要脱落下来一样。他背出的句子含糊不清，几乎没人听得懂，背完后，便颓然坐下，就像是疲惫不堪的战士突然得到了休息。

也许有人以为他一定会性格内向、文静怕动、神经过敏、不喜交际、常常自怨自艾，但是这完全错了，他没有因这些缺陷而气馁，反而因为有了这些缺陷而加紧了他的奋斗，这种奋斗并不是谁都能做到的。他经过长期的坚持和学习，把那常常被人鄙视的气喘改成一种沙声，把齿唇的颤动和内心的畏缩变成卓越的口才和自信的行动。

当他看见别的孩子在操场上嬉笑、跳跃、东奔西跑、做着种种激烈的运动时，他也踊跃参加，从不退让。他和大家一样骑马、赛球、游泳、竞走，而且常常名列前茅，成为运动好手。他常常以那些坚定勇敢的孩子为榜样，常常去体验冒险的精神，勇敢地对付种种恶劣的环境。当他和别人在一起时，他总是用亲切和善的态度去对待每一个人，主动与他们接近。他深知上帝从来没有创造一个标准的人，只要自己心境舒坦快乐，一切都将顺利得好像预先安排好的一般。

缺陷造就了罗斯福一生的奋斗精神，这无疑是他经营一生伟业最可贵的资本。他绝不把自己看作一个懦弱无能的人，在升入大学之前，他就经常自我鞭策，用有节律的运动和生活恢复了健康，使自己变成了精力超众、强健愉快的人。他常常趁假期之暇到亚历山大去追逐牛群、到洛杉矶去捕熊、到非洲去捉狮子，看到他那种勇敢强壮的姿态，谁还会想到他就是曾在学校里受窘的那个小学生呢？

第一章 接纳缺憾——完美只存在于想象中

罗斯福因为有缺憾,才有了奋斗的动力,才有了坚韧的毅力,这一切,又给他带来了人生的转机,缺憾成就了他一生的功名。事情往往如此,越是有缺陷的地方,越容易迸发勃勃的生机。

事事追求完美是一件痛苦的事,它就像是毒害我们心灵的药饵,会让我们在痛苦和纠结中浪费掉时间和精力。就像罗斯福一样,与其顾影自怜,不如静下心来好好地数一数上天给自己的恩典。要知道,鲜花不是因为芬芳而圆满,而是因为既有芬芳又有凋谢才圆满;彩虹不是因为绚丽而圆满,而是因为经历了风雨,终现缤纷的色彩才圆满。

如果缺陷已经属于自己,就应该正确地面对它,不必太在意自己身体上的这些缺陷,把精力都放在自己该做的事上,并且积极进取,使自己更充实。人的一生或多或少都存在着缺憾,有残缺没有关系,可怕的是不思进取,那样才是永远的缺憾。

学会在不完美中寻找美

世界上没有绝对完美的美玉,而我们在寻找的过程中,要降低心中对美玉的标准,不能过于苛刻,否则将一无所获。

有一个木车轮被人砍下了一角,它非常伤心郁闷,它下决心要寻找一块合适的木片重新使自己完整起来,于是离开家开始了长途跋涉。

这个残缺不全的车轮走得很慢,一路上,风光旖旎,它看见了各种美丽的花朵、高大的树、一望无际的原野,它还和草叶间的小虫攀谈、听林间的小鸟欢歌……当然它也看到了许许多多的木片,但都不太合适。

松开手，世界就在你手中

终于有一天，车轮发现了寻觅很久的、适合自己的木片，它惊喜万分，马上将自己修补得完好如初。修好的车轮跑得非常快，它忽然发现，因为自己跑得太快，所以再也看不清花儿美丽的笑脸、大树的英姿，也听不到小虫动听的鸣叫、小鸟悦耳的歌声……车轮沮丧地停了下来，它想要回原来的世界，于是它把木片留在了路边，自己缓慢地向前走去。

从这个故事可以体会到，许多苦恼的根源来自于人们心中的一个误解：必须做到尽善尽美，才能获得别人的好感。当人们踏上追寻完美之路时，生活便渐渐变成了专门为他们捕捉过失的陷阱。所以，我们总是因怀疑自己做得不够好而愧疚与担心，担心爱我们的人会因此对我们感到失望。

世界上绝对完美的东西是不存在的，因为每个人的视角都不一样，每个时代的审美观也都不一样。什么是美？怎样才算美？在每个人心中有着不同的天平，所以，我们就更无须事事追求完美，让所有人都满意是不可能的事情，为此伤神是不必要的。

从前，有两个孤儿自幼拜一个和尚为师。当师兄弟二人成年以后，师父把他们叫到面前说："你们都成年了，应该有自己的将来和梦想，由此往北行，在那群山深处有块绝世美玉，只要你们寻得那块绝世之宝就可以下山追寻自己的将来了。"

师兄弟二人次日就离开师父出发去北方山中寻找美玉了。师哥是一个注重实际、不好高骛远的人。有时候，即使发现的是一块有残缺的玉，或者是一块成色一般的玉，甚至是有些奇异的石头，他都统统装进行囊。

过了几年，到了他们师兄弟约定会合的时间，此时师哥的行囊已经满满的了，尽管没有师父所说的绝世完美之玉，但造型各异、成色不等的众多玉石在他看来也足以令师父满意了。后来师弟到了，却两手空空，一无所得。师哥诉说了自己这些年的收获。师弟说："你这些东西都不过是一般的珍宝，不是师父要我们找的绝世珍品，拿回去师父也不会满意的，更不会要我们下山。我不回去，我要继续去更远更险的山中探寻，我一定要找到绝世美玉。"

师哥再三劝说，师弟都无动于衷。

师哥只好带着他的那些东西回到了从小生活的山上，将自己的收获一一呈现在师父面前，还介绍了自己与师弟相遇时师弟的探宝情况。师父听后点了点头说："你做得很好，明天你可以带着你的珍品下山了。你师弟不会回来了，他是一个不合格的探险者。他如果幸运，能中途醒悟，明白至美是不存在的这个道理，是他的福气。如果他不能醒悟，便只能以付出生命为代价了。"

师哥下山后用那些造型各异、成色不等的众多玉石开了一个奇玉石馆，他将那些玉石、奇石一一加工，制成了稀世之品。短短几年，师哥的奇玉石馆已经享誉八方，在他寻找的玉石中，有一块经过加工成为不可多得的美玉，被国王用做了传国玉玺，师哥因此也拥有了倾城之富。

很多年以后，师父奄奄一息。师哥回山探望师父，并对师父说要派人去寻找师弟。但被师父阻止了，师父对他说："经过了这么长的时间和挫折他都不能顿悟，这样的人即便回来又能做成什么事情呢？世间没有纯美的玉、没有完善的人、没有绝对完美的事物，为追求这种东西而耗费生命的人，何其愚蠢啊！"说完，师父就驾鹤西去了。

世界上没有绝对完美的美玉，我们在寻找的过程中，要降低心中对美玉的标准，不能过于苛刻，否则将一无所获。

对于每个人来讲，不完美是客观存在的，无须怨天尤人。完美主义者表面上很自负，内心深处其实很自卑，因为他们很少看到优点，总是关注缺点。如果总是不知足，很少肯定自己，就很少有机会获得信心，自然就会自卑。

一个人即使再优秀也有缺点，同理，再愚蠢的人也有优点。学会欣赏别人和欣赏自己是很重要的，这是使人更进一步实现下一个目标的基石。不要用放大镜去看缺点，避免以完美主义的眼光去观察每一个人，而应以宽容之心包容其缺点。少些责难之心，多些宽容之心，我们会发现，朋友会越来越多，人生之路也会越来越宽广。

> 松开手，世界就在你手中

坚守自己独特的美

每个人都是独特的，有自己特定的优点和不足，但我们从来不是别人的从属和附庸，只有真实地生活在属于自己的世界里，我们才能找到自己幸福的人生。

有个出租车司机的女儿名叫卡丝·黛莉，她从小就梦想当一名歌星，不幸的是她长了一张阔嘴和一口龅牙。第一次公开演唱的时候，为了显得有魅力，她一直竭力用上唇盖住自己的龅牙，看起来相当滑稽可笑。结果，她失败了。

但是有个人听了她的演唱之后，认为她很有天赋，并且坦率地告诉她："我看了你的表演，知道你想掩饰什么，你不喜欢你那口牙齿。其实这又有什么呢？龅牙并没有过错，为什么要掩饰呢？张开你的嘴，只要你自己不引以为耻，观众就会喜欢你的。何况这牙齿说不定会带给你好运呢！"

卡丝·黛莉接受了这个人的建议，不再去想自己的牙齿。从此，她演出时只关心观众，为他们开怀尽情地演唱，最后终于成了一个著名的歌星。

这是一个人人渴求成功的时代。然而，有些人总是很容易让一些无谓的小缺陷蒙住了智慧的光芒和生命的欢乐，从而阻碍了成功的脚步。认识不到自己独一无二的地位，不敢做真实的自己，成了很多现代人失败和疲惫的根源。做回自己、扮演自己、实践自己，自己是独一无二的，自己的价值永远不能被否定，除非自己否定自己，永远不要忘记这一点。

每个人都是独特的，有自己特定的优点和不足，但我们从来不是别人的从属和附庸，只有真实地生活在属于自己的世界里，我们才能找到自己幸福

第一章　接纳缺憾——完美只存在于想象中

的人生。生活中有很多种快乐，但有一种快乐能够让人终生难忘，那就是得到真诚的鼓励和真正的欣赏。鼓励和欣赏可以帮助一个人战胜自我、获得自信，从而更加勇敢地面对生活。

世界上伟大的推销员乔·吉拉德在衣服上通常都会佩戴一个金色的"1"字。有人曾经问他："这个字是不是表示自己是世界上最伟大的推销员？"他回答说："不是的。我是我生命中最伟大的！"

乔·吉拉德一直认为，这个世界上没有人会比自身更伟大，自己就是自己最大的财富，自己的声音与气息都是与众不同的。其实，他的这种自我肯定的坚定信念来源于他的生活经历。

在乔·吉拉德35岁的时候，他还是一个彻头彻尾的穷光蛋，他甚至连自己的妻子与孩子的生活问题都很难解决。但是，偶然的一次演讲会却改变了他的命运。

在演讲会上，一个演讲者拿出一张崭新的10美元钞票，向坐在前排的乔·吉拉德问道："你想得到这10美元吗？"乔·吉拉德当即就举起了手臂说："想要！"

演讲者又说："我会将这10美元给你的。但是在给你之前我一定要将之弄一下。"说着，演讲者就把那张钞票揉皱了，接着问乔·吉拉德："你还想要吗？"

乔·吉拉德又一次高高地举起了手臂，并坚定地说道："要！"

"好吧，"演讲者继续道，"我要是这样弄它呢？"当演讲者将那张钞票丢到地上，用脚使劲地踩过后，将它再次捡起来时，它已经变得又皱又脏了。

"现在你还要吗？"演讲者又问他。乔·吉拉德仍然坚定地举起了自己的手臂，大声地说："要！"

"好啦，不管我如何虐待这张钞票，你仍然还想要。因为你也知道它虽然表面上看上去很惨，便是它的价值却没有减损，它依然还是10美元！"演讲者对他说。

> 松开手,世界就在你手中

乔·吉拉德当即就明白了,充分认识到了"自己"这个最大的宝库,从此开始,他就不停地向成功靠近,最终成为"世界上最伟大的推销员"。

相信自己,每个人都有令人注目的一面,这与美丑无关。学会寻找自己的闪光点,将它放大,并勇敢地大声地告诉自己——我是最棒的。

同样,在生活中,由于一时的决断失误或是环境的影响,我们会多次地摔倒、被击垮。这时候,我们可能会灰心丧气,可能会觉得自己一文不值,但是实际上,无论在自己身上发生了什么事情,我们都从来没有失去自身的价值。只要勇于肯定自己,以坚定而乐观的态度去面对一切的困难险阻,那么,我们的内心便会再次充满梦想,便能再次创造巨大的辉煌。

漫漫人生长路,只有肯定自己才能使生命更显完美。所以,在生活中,当我们面临巨大的苦难与挑战时,一定要肯定自己的价值,然后才能发出钻石的光芒。一旦摆脱困境之后,我们就能深刻地体会到"闲看庭前花开花落"的宠辱不惊的悠闲,"漫随天外云卷云舒"的轻松,才能让生命在自由的空间中无拘无束地游弋。

不完美正是自己的独特之处

欣赏自己,不是鄙视别人的狂妄自大,而是源于对自己生命的珍视和热爱;欣赏自己,不是让自己成为"井底之蛙",而是让自己抛弃浮躁后更成熟地走向远方。

孔雀来到天后赫拉的面前,抱怨自己的嗓音沙哑难听:"您看,夜莺的歌声总是可以深深地打动人心,得到众人的喜爱。可是我一开口,群鸟就会嘲笑我，这太不公平了！"

天后赫拉听到孔雀的这一番话后，安慰它说："你的嗓音不好，但你的身姿与容貌却是出类拔萃的，别忘了你在开屏的时候羽毛有多么的华丽富贵、多么的光彩照人，人们也把孔雀开屏称为一大美景呢！"

孔雀依然不满意："既然我的歌声不如他人，这种无言的美丽对我而言又有什么用呢？"

赫拉有点儿不高兴了，她斥责孔雀说："每个人都有自己的命运，这是命运之神安排的。她安排了你的美丽，安排了夜莺的歌唱，也安排了老鹰的力量。所有的鸟类都应当对神赋予它们的东西感到满意。"

面对天后的斥责，孔雀止住了自己的抱怨。

世界上的任何事物都不可能十全十美，任何人都有着专属于自己的精彩。孔雀的美丽是令人艳羡的，而它不停地抱怨自己没有动人的歌喉，反而忽略了自己拥有的东西。其实，现实生活中，很多人也在重复着孔雀的抱怨。

一个人如果想获得真正的成功和自由，就必须植根于自己的独特个性。忽视自己的个性或故意抹杀自己的个性，终将一事无成。因此，千万不要亦步亦趋地效仿别人，掩饰自己、舍弃自己。在前进的道路上，无论发生了什么事情或者将要发生什么，请记住一点：我们从来不会失去自己作为一个人的价值，没有什么能够拿走它。

懂得欣赏自己是一个人奋发向上、继续努力的无穷动力。人们常说：求人不如求己。因此，最简单的让自己快乐起来的方法就是学会自我欣赏，适当地自我宽容、自我鼓励，从点点滴滴的自我完善中获得快乐。欣赏自己的人是自信的人，欣赏自己的人总是带着同样欣赏的目光去欣赏别人。欣赏自己的人也是更会学习的人。美国著名的音乐家麦克约瑟说："你与自己的心交流，要赞美它，让它感到你对它的赏识，那时候它才向你释放灵感。"是的，我们只有欣赏自己，才能充分发挥自己的潜能。与其站在那里眺望别人的背影，不如坐下来静静地想一想自己走过的每一个坚实的脚印，只要努力

松开手，世界就在你手中

寻找，就会发现自己的生活中亦有许多值得骄傲的地方。

欣赏自己，不是鄙视别人的狂妄自大，而是源于对自己生命的珍视和热爱；欣赏自己，不是让自己成为"井底之蛙"，而是让自己抛弃浮躁后更成熟地走向远方。

父亲心情不好时，喜欢在阳台上摆弄他的几株花；儿子心情不好时，则喜欢到阳台上欣赏父亲的花。父亲说，在浇花松土、除草施肥的过程中可以得到最好的享受，儿子却认为赏花才是最好的感受。一天，父亲的实验项目被人换了，他沮丧了好几天，闲时就到阳台上种花，儿子心疼父亲，到阳台去看他。父亲凝视着花盆里的一株小草，一动也不动。

"爸爸，为什么不把它拔了？"儿子问。

父亲说："它太嫩了，拔了可惜呀！"

儿子觉得好笑，说："一株草有什么可惜的？"

"爸爸，你欣赏这草？"儿子觉得惊诧。

父亲突然回过头来说："不，我是在欣赏我自己。"

"啊！"儿子不禁一愣，一向书卷气十足的父亲，说这句话时竟有几分儒雅以外的严厉和坚定。

父亲忽然缓缓地说："我欣赏我自己，因为我和这株小草一样坚韧不屈。你看，这花盆里净是些用来固定花苗的瓦砾，小草居然硬是从瓦砾间钻了出来。我也是这样，我的实验项目被人换掉了，但我昨天又递交了参加实验的申请书，我要参加这次我并不拿手的实验，是想看看自己的能力。仅这一点，就值得自我欣赏。"父亲顿了一下，爱怜地问儿子："孩子，你欣赏你自己吗？"

儿子又愣住了，欣赏自己？这是何等高深的话题呀。

父亲见他没回答，笑着对他说："欣赏自己，就是要发现自己的闪光点，要自信、要乐观。你已经是大人了，应该明白了。"父亲的话很深沉，但儿子听得很入耳，他知道父亲正用深深的父爱浇铸着他的品格、性格和人格。

学会欣赏自己、包容自己，就是要学会欣赏自己的开朗自信、欣赏自己的聪慧大方、欣赏自己的平凡普通、欣赏自己的独一无二。生活中，或许有不少人值得自己欣赏，但是最应该欣赏的还是自己。

的确，每个人都是独一无二的。这个独特的"自己"既有优点，也有不足。一个人只有充分地自我接纳，懂得欣赏自己、包容自己，才能自信地与人交往、出色地发挥自己的才能和潜力。假如一个人不懂得欣赏自己、包容自己，总是以怀疑的、否定的态度看待自己，就有可能限制甚至扼杀自己的创造力。事实上，在我们的身边因为自卑自怜、自暴自弃等各种心理原因而造成的悲剧已经太多，不但给家人造成痛苦，而且给社会造成损失。当然，就更别说怎样赢得别人的欣赏和肯定了。

欣赏自己并不是傲视一切的孤芳自赏，也不是唯我独尊的狂妄不羁。因为它不需要大动干戈的气势，也不需要改头换面，它只属于一种醒悟，一种面对困难时的自信、一种推动自己向挫折挑战的动力。

学会欣赏自己，就是在无人为我们鼓掌的时候，给自己一个鼓励；在无人为我们拭泪的时候，给自己一些安慰；在我们自惭形秽的时候，给自己一片空间、一份自信，然后抖落昨日的疲惫与无奈，抚去昨日的伤痛和泪水，迎接明天崭新的朝阳……只有学会自我欣赏、自我品评，学会在无人喝彩时照样前行，而且行得更好，才能肯定自己、相信自己、欣赏自己，让自己体会到属于自己的那份幸福。

学会欣赏自己，我们会发现生活是如此美好；欣赏自己，我们会感受到命运的公正无私；欣赏自己，我们会体味前进中的幸福快乐；欣赏自己，我们会把握好自己的人生；欣赏自己，我们定会抵达成功的彼岸。

> 松开手，世界就在你手中

宽容过错，保持内心的平静

　　人生的路途中有顺风之时，亦有逆风之时，无论怎样，我们都必须前进。而宽容自己的过错，才能把犯错与自责的逆风化为成功的推力。

　　华子和阿秋是工作上的最佳搭档。一天，两个人一起制作某歌手的MV（一种用动态画面配合歌曲演唱的艺术形式），阿秋负责整理素材，而华子则进行剪辑。任务完成一半的时候却发生了意外，阿秋不小心将电源插座踢开了。顿时，两个人的电脑黑了下来。这意味着之前的工作全部白费，必须从头再来。

　　阿秋手忙脚乱，紧张地说："我……我不是故意的……"华子看见阿秋的脸色很差，急忙说："没事的，咱们再来一遍就好了。毕竟已经做过了一遍，很快就会再赶回来的。别担心了，这种事情很正常的，谁没遇到过意外啊！"

　　不过，华子的安慰并没有让阿秋平静下来，他嘴里不断地念叨着："都怪我不好……都怪我不好……"见他如此，华子赶紧让他去另外一间屋子休息。

　　整整几个小时，阿秋都不能原谅自己，甚至还狠狠抽了自己一巴掌。他明白，自己的过错使进度慢了许多，按时完成工作已经很难。就这样，他一直都处在唉声叹气之中。

　　到了下午，阿秋的情绪终于有了些许平静，这时他走进工作间，却发现工作已经快被华子做完了。华子看着他，擦了擦头上的汗，开玩笑地说：

第一章 接纳缺憾——完美只存在于想象中

"你情绪好点了吧?我真怕你为此自杀呢!"

看着华子快乐的表情,阿秋突然明白,自己的过错造成了工作拖延,可是华子没有怪自己,还安慰自己,而自己却一直处在责备之中,导致了进度更加缓慢,这又是何苦呢!想到这里,阿秋终于开朗起来,和华子一起用了不到半个小时的时间,将剩下的工作全部完成了。

生活中,我们经常要与他人交流。为了展现出自己的美好形象,我们要亲切、有爱心,即使看到对方有过错,也会抱着宽容的心态一笑而过。可是如果我们自己犯了错,却会在心里一遍又一遍地自责:为什么自己会那么笨?真该死,这样的错怎能让它发生?为什么我们总会对别人表现出宽容,却不懂得仁慈地对待自己?犯错是每个人的必然,是每个人都会遇到的,人无完人,谁能无过?所以,犯了错,不代表自己就该承受如下地狱般的折磨。否则,我们只能在失落的情绪中越陷越深,将生活搅得一团糟。我们唯一能做的,就是正视这种错误的存在,在错误中学习,以确保未来不会发生同样的憾事,从而继续前进。

一天,斯蒂芬找了一家垃圾搬运服务公司,委托他们在今后帮助自己倒垃圾。双方谈得很顺利,最后在愉快的气氛中签约。不过,该公司也提出了一个要求,那就是请斯蒂芬将自己家的地址写在垃圾箱上。

斯蒂芬认为,这是件很容易的事情,于是他买了一罐白色的油漆,在一个棕色的垃圾箱上喷上了自己家的地址。然后,他把垃圾箱用汽车运回家,放在适当的地方。

当这一切结束后,斯蒂芬突然发现,一些白油漆粘在了汽车座椅的后面。斯蒂芬有些不高兴,于是努力想去掉这些油漆,但它们已牢牢地粘上了,无论如何也无法将它们擦除。

接下来的几天,斯蒂芬总会注意到这一片油漆,心里非常别扭,就总抱怨当时自己为什么那么笨。每当这个时候,他的脑海里还会出现这样的声音:"为什么你当时没有注意到这个错误?要是早点擦除的话,现在什么事情都没

松开手,世界就在你手中

有。可是,因为你的不小心,你毁了汽车座位,这一切只能由你自己承担!"

这件事困扰了斯蒂芬很多天。每天,他都会将自己臭骂一顿。后来有一天,他陪一位朋友到当地的五金商店去买一些涂料。在一个架子上他发现了一个写着"消除错误"的小罐子———一种可去掉油漆和其他难以去除污渍的去除剂。

这让斯蒂芬兴奋异常,于是他急忙买了一罐。回到家后,他赶紧按照说明书示范的方法清洗着那些困扰他的污渍。令他高兴的是,污渍立刻就不见了。

看着崭新的汽车座椅,斯蒂芬突然意识到:其实这件事根本没有想象中的严重,任何罪过都是可宽恕的,任何过失都不应该总是对其耿耿于怀。否则,自己永远都会怪罪自己,永远不知道什么是快乐。

遇到生活中的麻烦事,我们是应该纠结不放,还是应该大度地忘记?很显然,我们的选择是后者。然而在现实生活中,我们真的能做到吗?我们总能看到这样的场景:盘子碎了,自己一遍遍念叨"我怎么那么笨";工作出现失误,自己对着镜子说些"我真是个废物"之类的话;自行车丢了,难过得几天不吃饭,总强调"我忘了上锁,这一切都怪我"……人在一生中势必会遇到各种各样的麻烦,其中有一些的确是自己造成的。可是,如果对每一件事都深深地自责,一辈子都背着一大袋的罪恶感生活,我们还能奢望自己快乐吗?

人生的路途中有顺风之时,亦有逆风之时,无论怎样,我们都必须前进。而宽容自己的过错,才能把犯错与自责的逆风化为成功的推力。要明白,没有人能够十全十美,接受自己的优点,也接受自己的缺点,才能保持心态上的平衡。

还有的人,看到自己的性格有些缺点,就认为自己是邪恶的、难成大器的,因此一蹶不振。其实,我们应当懂得,少许的性格缺点并不能说明我们就是不受欢迎的人,更不是我们痛苦的理由。只有学会适当地宽容自己,我们才能保持内心的平静。

在现实生活中，人会有各种各样的心境、冲动、情感，我们应该放松并享受。有位名人曾经说过："世界是如此的丰富多彩，我们就像国王般幸福快乐。"这句话虽然带着孩子般的天真烂漫，但如果采取这样的态度对待生活，那么我们便会活得轻松、自在、精彩。

与其百般思量不如随性而为

小草有小草的生命规则，只要有水有土它就能发芽。我们的生活也要像小草一样，随性而为，不必刻意强求。

有一只小猫，不停地追着自己的尾巴转圈，精疲力竭地躺在地上喘气。

一只大猫走过，询问它发生了什么事，小猫说："主人告诉我，假若我可以追到自己的尾巴，我便能永远得到幸福和快乐，所以我才不停地追逐自己的尾巴，以致筋疲力尽。"

大猫叹了一口气说："我在年轻的时候，也听主人说过同样的话，所以，当初我也和你一样为了追到自己的尾巴而把自己搞得筋疲力尽，却从来没有感到快乐和幸福，后来我放弃了。当我随性生活的时候，才发觉幸福和快乐原来就在后面跟随着我！"

在生活中，并非每个人都是幸运的，也并非每个人的每个愿望都能得到满足，得到了这样还想要那样，但如果命中无此福，我们又何必去苦苦苛求呢？要知道外表再好不过是皮肉而已，老了还是会长满皱纹；财富再多，不过是身外之物，死了还是空有躯壳，心灵磨灭了，就什么都不存在了。所以，

松开手，世界就在你手中

我们要爱护自己的内心世界，不要因为苛求得到太多而故意去折磨自己的心灵。

幸福和快乐不需要刻意去追求，它其实就在我们的周围，在我们的内心深处，只要秉着良心，随性而为，便能够感受得到。

随性而为是顺从于心灵的一种简单的、自由的生活，心里想怎么样，就怎么样去做，就像小草自然地发芽、生长一样，就像小鸟在天空中自由地飞翔一样，不用受尘世的任何束缚和约束。不必为了得到别人的赞美而去故意做作，不必为了满足内心的物欲而给自己的心灵套上枷锁，不必为了显示自己的威严而在孩子面前故作严肃、深沉……随性而为是一种完全根据本我的需求去支配自己行为的生活方式。

有一天，小和尚发现后院里的草地有一部分枯黄，就对师父说："师父，快撒些草籽吧，这草地太难看了。"

"不着急，草籽什么时候都能撒。"师父答道。

冬天过去后，师父把一些草籽交给小和尚说："去吧，把草籽撒在地上。"起风了，那些草籽被风吹得满地都是，小和尚很是着急："不好，很多草籽都被吹走了！"

师父说："没关系，吹走的多半是空的，撒下了也发不了芽，担什么心呢？随性！"

就在这时候，一群小鸟飞来了，又把刚刚撒在地上的草籽吃了，小和尚惊慌地跟师父说："不好了，草籽都被小鸟吃了！"

师父又说："没关系，草籽多，小鸟是吃不完的，你就放心吧，过不了多久，这里一定有小草！"

小和尚对师父的回答很不满意，晚上躺在床上想，那些草籽能不能活下去呢？一会儿，他听到外面响起了雷声，接着下起了大雨，他的内心更急了，暗暗担心自己种了一天的草籽到最后什么也剩不下。

第二天早上，他来到院子里一看，果然地上没有一颗草籽了，他连忙冲

第一章 接纳缺憾——完美只存在于想象中

进师父的房里说:"师父,昨晚下了一场大雨,把地上的草籽都冲走了,怎么办啊?"

师父不慌不忙地说:"不用着急,草籽被冲到哪里就在哪里发芽。随缘吧!"

不久,许多青翠的草苗破土而出,原来没有撒到的一些角落里居然也长出了许多青翠的小草。

小和尚高兴地对师父说:"太好了,我种的草长出来了!"

师父点点头说:"随喜!"

小草有小草的生命规则,只要有水有土它就能发芽。我们的生活也要像小草一样,随性而为,不必刻意强求,如果过于担心,只会影响自己的生活与工作。任何事情都有其规律,与其百般思量,不如随性而为,这样才更容易让我们感受到生活的乐趣与意义。

下岗了不必烦恼,再找一条出路,说不定就可以让自己结束打工生涯,走上创业之路;有病了不要伤心,如果乐观面对,心情好了,病痛自然也就会减轻;没有钱也不用担心,有双手与大脑这两样东西,还怕什么呢?烦恼只会让我们更添清愁,伤心只会让我们更加劳累,害怕只会让我们走向失败。

随性生活是一种坦然的生活,是一种乐观的生活。在物欲繁杂的现代社会中,它体现的是一种心境、一种精神、一种对生活的态度、一种至高的生存追求。随性生活,才能使我们放宽心思,才能欣赏到生命真正精彩的部分,才能活出真色彩。

上天既然给了我们生命,我们就应该活出它的价值,而随性生活,就是顺着自己的心意去探寻生命的轨迹,不必去计较一时的得失,不必去在意那些身外之物,这样才能让自己切实地活出真正的自我,体现出自我的真正价值。

第二章
笑对逆境——曲折的生命更精彩

> 生命的精彩不在于人生非同一般的通畅,在于它的曲曲折折,人生正是通过这样或者那样艰苦的困境,最终绽放出美丽的生命花朵。正是人生中的一系列曲折以及人在面对曲折时智慧的处理方式,才使人的生命更加值得尊重和珍惜。

第二章 笑对逆境——曲折的生命更精彩

挫折和困难是成功的前提

困难虽然令人痛苦，也会让人失去一些东西，但是将困难克服之后，我们会收到比付出更多的东西，那是一笔永远不会贬值的人生财富，是推动一个人成功的动力。

威廉·科贝特是一位散文家，他的作品朴实无华，却在19世纪美文泛滥的时候闯出了一片天地。然而，这个世界闻名的大作家，在早年的时候却是一个连纸和笔都买不起的穷光蛋，但是，不管环境如何恶劣，这个坚强的年轻人依旧能坦然地面对挫折，他借助星星点点的光阅读、自学英语语法，终于成为涅槃之后重生的凤凰。

他的经历告诉人们，没有什么恶劣的环境能阻挡一个人前进的脚步。他说："我能在那样艰苦困难的情况下取得成功，现在的年轻人又有什么困难克服不了呢？"

人生就像天气，时而阴，时而晴，但是就算是梅雨时节，天空也有放晴的时候，雨也有不下的时候，所以人生不会一直是雨天。

我们的人生没有天气预报，我们不能提前知晓人生气象，所以，当阴雨天到来的时候，除了抱怨之外，还有不知所措。在闯荡人生的过程中，没有什么事情是一帆风顺的，一路坦途的成功不存在，每个人都会遇到或大或小的挫折，如果我们执着于那些困难的话，我们就永远不可能跨过那个坎。很

松开手,世界就在你手中

多时候,我们都有这样的一种感觉,因为有所阻碍而拖了很长时间的事情没有完成,而当必须立刻完成的时候,我们心里就会遗憾地想:"要是自己之前认真一点、努力一点,到现在这个时候,事情也应该做完了。"是的,咬咬牙,没什么事情是不能完成的,也没什么困难是不能克服的。

世界每天都在发生巨变,当时不能解决的问题,可能过了一段时间之后,由于外在或者内在原因的变化,事情就变得能够解决了。每个人的人生都有大大小小的路障,这些都是可以跨过去的,没有一个人一生都处于逆境之中,即使身处逆境,只要我们能看到希望,能够艰苦奋斗,就能改变自己的不利处境。困难虽然在当时令人感觉痛苦,我们会失去一些东西,但是将困难克服之后,我们会收到比付出更多的东西,那是一笔永远不会贬值的人生财富,是推动一个人成功的动力。世界上在逆境中翻身的人何止千万,他们在底层拼搏求生,锻炼在这个竞争的世界里生存的能力,最终成为成功的人,铸就了一段段成功的人生。

奥斯特洛夫斯基出生在乌克兰一个贫困的工人家庭,11岁便开始当童工,1919年加入共青团。1923年到1924年,他担任乌克兰边境地区共青团的领导工作,1924年加入共产党。由于他长期参加艰苦斗争,健康受到严重损害,1927年,健康情况急剧恶化,但他毫不屈服,以惊人的毅力同病魔作斗争。

同年底,他的第一部著作完稿,不幸的是,唯一一份手稿在寄给朋友们审读时被弄丢了。这一残酷的打击并没有挫败他的坚强意志,反而使他更加顽强地同疾病作斗争。

1926年,他全身瘫痪;1929年末,双目失明;1930年,他用自己的战斗经历做素材,以顽强的意志开始创作长篇小说《钢铁是怎样炼成的》。

小说获得了巨大成功,受到同时代人真诚而热烈的称赞。1934年,奥斯特洛夫斯基被吸收为作家协会会员。1935年底,国家授予他列宁勋章,以表彰他在文学方面的创造性劳动和卓越的贡献。

挫折和困难是成功的前提,也是成功的一部分,所以,不要抱怨人生的

第二章　笑对逆境——曲折的生命更精彩

阴雨天,有了雨水,人生的花朵才能开得更加娇艳,才更有能力经受以后的狂风暴雨。人生总是会有一种结局的,困难不会陪着我们走到最后,要想给人生画一个圆满的句号,我们就要正视人生的下雨天,坚信晴天就在不远处。

曲折只是生命中的小插曲

对人生而言,生命中出现的曲折其实不能算是麻烦,那只是生命的另一种形式,没有风雨,哪来的彩虹?不经历那些曲折,又哪有苦尽甘来的喜悦?

有一棵长在沙漠里的小树,自从扎根在那片空旷缺水的沙漠,它就一直艰苦地生长着,它的根深深地扎在粗粝的地下,它的树干弯弯扭扭地伸向天空,像是寻求帮助的姿势,但是这棵丑树是整个沙漠里所有生物的骄傲,它们无比激动地看着它曲折的枝干一点点变长变粗,甚至更扭曲,然而,不管怎样,在它们眼中,沙漠最美的风景就是这棵小丑树。

生命的精彩不在于人生非同一般的通畅,在于它的曲曲折折,人生正是通过这样或者那样艰苦的困境,绽放出美丽的生命花朵。正是人生中的一系列曲折以及人在面对曲折时智慧的处理方式,才使人的生命更加值得尊重和珍惜。

在遇到困难的时候,很多人都会想,要是自己这一生都一帆风顺就好了。但是,如果真的让他像浴缸里的金鱼那般安逸、平淡地过日子,估计用不了多久,他就会自己制造一些曲折。最美的生命永远不是那种完美无缺的生命,正是因为有了曲折,生活才有滋有味。对人生而言,生命中出现的曲折其实不能算是麻烦,那只是生命的另一种形式,没有风雨,哪来的彩虹?不经历那些曲折,又哪有苦尽甘来的喜悦?

松开手，世界就在你手中

人生是一趟奇妙的旅途，在我们悠闲地欣赏生命之景的时候会冷不丁地冒出一些不和谐，比如一次刻骨铭心的爱恋无疾而终，比如身边亲近的人遭遇不好的事情，或者自己工作生活中遇见棘手的问题，而这时候如果我们一味地逃避，选择视而不见或者手足无措的态度，那将是我们美丽的生命旅途中最难看的伤疤。

楚牧是一个很有闯劲的年轻人，不管什么事，只要他感兴趣，一定会想方设法试试看。这些年，他办过杂志、开过影楼，还曾经开了一家火锅店，他骨子里不是一个"安分"的人。在前几年的打拼中，他摸索到了一些商场法则，所以当他看准服装有市场之后就起了投资的念头。恰好，一个和他非常要好的朋友也想投资服装，所以两人一合计就开始行动了。

楚牧不记得这是自己多少次丢弃原来的工作，在一个新的行业中从一点一滴做起了。他从不相信一帆风顺的人生，他坚信只有自己经历过这些事情、这些苦难，自己的人生才不算是虚度。他办的杂志曾经半年都不能卖出几册，开的影楼也有过一段相当长时间的冷场，但是在所有人都觉得没有希望或者抱怨的时候，楚牧做的并不是和他们一起怨天尤人，而是仔细地分析自己不能吸引顾客的原因，找出问题的所在之后就对症下药。他从来不会拒绝面对麻烦，在他的意识里，既然有困难了，就一定要解决，因为不管自己怎样着急，只要没找到问题的真正原因，问题就仍然摆在那里。

在一次次的曲折过后，楚牧的见识变得更加宽广，人生阅历和人生经验也更丰富了。很多人和他谈话的时候，感觉这个人简直就是一个智者，似乎没有他不知道的事情，不管对什么样的问题都能侃侃而谈，但不是一味地吹嘘，而是说得每个人都心服口服。

经历多了，人生也就越丰厚了。楚牧觉得这是他人生最大的一笔财富，不管生意赚了或者赔了，他都觉得，只要经历了，就是收获。

当我们的生命有了曲折、面对挑战的时候，最没用的做法就是怪别人、怪自己，没有什么问题是我们怪就能解决得了的，人生中很多问题并不是怎么也跨不过去的难关，有时候只要换个角度，把心态放平和一点、淡然一点，事情就会很容易解决。

人生是一个不停地丢丢捡捡的过程，随着时间的流逝，我们丢失了青春，丢失了容貌，甚至失去了亲人，但同时也能捡起别人没有的经验、知识，用来丰富自己的生命，不致在年老的时候感慨白来世间一遭。大自然不会偏袒任何人或者任何事情，每件事物之所以存在就必定有它存在的理由，即使是人生中遇到的曲折。

如果把人生比作一本存折的话，每一次曲折都是一笔收入，经历过坎坷的人生才是充实的。曲折带给我们的，不只是在遇见问题的时候学会千方百计地将困难解决，更让我们在此过程中不断地积累知识和见识，这是在任何书本或者任何老师那里都学不到的东西，是人生最宝贵的财富。

曲折就是生命中的小插曲，顺境是悠扬愉悦的调子，逆境则是低沉哀伤的音律。但是不管怎么样，它们都是我们生命的一部分，都能让我们的生命在经过一次次曲折的洗礼之后变得更加精彩。

没有经历磨炼的人生是残缺的

没有经历磨炼的人生是残缺的，而且是一种浪费的残缺，这样的人生，是大自然永远抹不去的败笔，因为社会是一场优胜劣汰的竞赛，不能解决困难，就永远不能弥补这个败笔。

有一个运动员，在其3年的训练生涯中，跑得不快不慢，照这样下去，不久的将来，必将告别自己的跑步生涯。

松开手，世界就在你手中

有一天，当这个运动员不快不慢地围着操场跑步时，后面突然传来一头狮子的吼声，运动员吓得健步如飞。当运动员打电话给教练，告诉他操场上有狮子的时候，教练笑着告诉运动员："你这次的速度比平时快了9秒。"

从那以后，运动员每次训练的时候，都幻想着身后有头狮子，他的成绩也一次比一次好。

生活是一个想要生存就必须奋斗的过程，有的人生得不好，却活得很好，有的人生得很好，活得却很糟糕。优越的生存环境会使人的求生技能在不知不觉中退化，而一个逆境中生活的人，因为要解决生活中遇到的困难，会变得更懂得生存，而生命的本质就在于解决困难。

挫折和逆境是人生不愿意遇见的事情，它们意味着有所失去，或者是当前安逸的生活环境，或者是在乎的人和事，但是，没有经历磨炼的人生是残缺的，而且是一种浪费的残缺，这样的人生，是大自然永远抹不去的败笔，因为社会是一场优胜劣汰的竞赛，不能解决困难，就永远不能弥补这个败笔。青蛙是在温水中煮死的，在舒适的环境下生存的人很难进步。

困难中包含的知识是我们在顺境中永远不能学会的，遇见挫折的时候，我们必须冷静地分析，理清事情的纹理，想将问题解决会牵扯到一系列新的或大或小的问题，而这些新生的问题也是能够解决的，只要不断开发大脑，积极地思考。当问题最终得以解决的时候，人生就会走向一个大的阶梯，因为经历了别人没有经历过的事情，所以，在解决困难的同时，我们会有一份意外的人生收获。在社会上生活，我们靠的不是家世，而是自己的能力和经历，经历了挫折，解决了问题，人生经验丰富了，那么在这个竞争激烈的世界，我们才能稳稳地占有一席之地。

在美国，曾经有一位年轻人，穷困潦倒，然而就在他身上全部的钱加起来都不够买一件像样的西服的时候，他仍执着地坚持着心中的梦想：做演员、拍电影、当明星。

当时，好莱坞有500家电影公司，他根据自己划定的路线与排列好的名单顺序,带着自己写好的、量身定做的剧本前去一一拜访。但第一遍下来,所有的电影公司没有一家愿意聘用他。面对100%的拒绝,这位年轻人没有灰心,从最后一家被拒绝的电影公司出来之后,他又回去从第一家开始,继续他的第二轮拜访与自我推荐。在第二轮拜访中,他仍然遭到了500次拒绝。第三轮的拜访结果仍与第二轮相同。这位年轻人咬牙开始他的第四次行动。当他拜访完第349家后,第350家电影公司的老板破天荒地答应让他留下剧本先看一看。

几天后,年轻人获得通知,请他前去详细商谈。就在这次商谈中,这家公司决定投资开拍这部电影,并请这位年轻人担任男主角。这部电影名叫《洛奇》,这位年轻人叫史泰龙。

挫折有某种置之死地而后生的意味,它能使人变得更加强大,只有在那些困难面前,人才能激发自己的潜能。很多人的成功不只是靠自己的奋斗,还有身边的竞争者给予的难题和现实环境的影响,当将这些挡在成功路上的障碍搬开之后,展现在人们眼前的就是锦绣前程。在困难面前,虽然会有所失去,但是失去的那些都只是短暂的利益,而经历挫折之后收获的财富却是永恒的。

路是自己走出来的

对于挫折中的人,命运会赐予他最妙的补偿,那就是从哪里跌倒就从哪里爬起来。他应该带着现实的态度,以稳健的步伐走下去,充实自己的人生,实现自身的价值。

松开手，世界就在你手中

人的一生不要活在悲叹命运中。每个人都有自己不同的人生与经历、不同的地位与身世。比如有的人生来清贫，有的人出生富贵，有的人家境艰辛，有的人收入不高，有的人工作不如意，有的人婚姻不称心，有些人要经历磨难，有些人要历尽艰辛，有些人要苍凉饥寒，等等。每个人的生活环境都不一样，但是我们可以去改变。

我们自己才是命运真正的主宰，凡事不经过自己的努力，而希望通过寻求神灵的庇佑或者他人的帮助来达到，是不可能成功的。别人只是暂时帮助我们的人，不可能帮助我们解决所有的问题，也不可能随时都能帮助我们。所以我们要时刻充实自己的力量，这样自己才能主宰自己。

艾森豪威尔年轻的时候，有一次和家人玩牌，他连续几次都拿到很糟糕的牌，情绪非常不好，态度也恶劣起来。他母亲见状说了段令他刻骨铭心的话："你必须用手中的牌玩下去。就好比人生，发牌的是上帝，不管是怎样的牌，你都必须拿着，你所做的就是尽你的全力，求得最好的结果。"

有人说，人生的魅力，就在于时时可以从痛苦的阴冷角落里起程，走向灿烂光辉的远途，走向没有遗憾的未来。即使千帆过尽，还有满载希冀的第1001艘船，只要心中的梦想不灭，就不会被孤独地抛在岸边。不论在哪里，能承受失败，就有机会从容整理行装，然后再欣然起程。发牌的是上帝，玩牌的是自己，我们随时可以选择如何去赢人生这一场牌局。

我们不能去抱怨生活的不幸及命运的不公平，因为每一个人都有自己的位置。但是人生的过程掌握在自己手中，适时地调整与适应，才是每个人首先要做的。

俄罗斯有一个农夫，有一天在田间耕作，不小心牲畜受惊，拖犁狂奔，他被尖锐的犁铧截断上肢，疼痛使他几度昏迷。醒来，他想向别人求救。可茫茫荒野，罕有人迹，如果再等下去，他必死无疑。于是，他咬紧牙关，自己包扎，然后跌跌撞撞地来到一家诊所。医生说，他要是不救自己，早就没命了。

一个人在大海中航行时，虽不能改变海面上的风向，但却可以不断地调

第二章 笑对逆境——曲折的生命更精彩

整船上的风帆,让自己一直朝目的地驶去。所以,我们要使自己乐观起来,不要被一些无法改变的东西压垮,有了向上的积极心态,那么,当我们看到一些不起眼的障碍时,就能联想心中的愿望,然后用心地去做、去扫除障碍。

38岁的辽宁人蔡伟仅有高中文凭,凭借着他在古文献研究方面的天赋和钻研精神,经过20多年的不懈努力自学,由复旦大学出土文献与古文字研究中心裘锡圭教授与校外两名教授联名推荐,叩开了复旦大学博士生招生考试的大门。

在1991年高中毕业后,由于严重偏科,蔡伟没有考上大学,而是进了胶管厂当上了工人。1994年下岗后,蔡伟在一家商场门口摆起了小摊,所得仅够温饱。2007年妻子生病之后,为了增加收入,蔡伟蹬起了三轮车。当年在摆摊之余,蔡伟把业余时间全部用来看书,就是在那期间,蔡伟凭借自己的古文字学知识,得到了裘锡圭先生的赏识。

一个38岁只有高中学历的三轮车夫通过自己的努力成为复旦大学的博士,反观当今社会上的年轻人,心浮气躁,好高骛远,尤其是一些寒窗十年刚从高等学府走出来的莘莘学子。他们想功成名就,想拥有一个灿烂的前程,可是,无情的现实总是与自己的理想背道而驰,因而他们就埋怨自己的命运不好,埋怨自己没有家庭背景,埋怨世上的伯乐太少,甚至埋怨这个世道太不公平,从而对工作不积极,对学习不努力,对生活不热爱,自暴自弃,怨天尤人。

然而,我们不妨换一下固有的思维方式,安下心来面对无情的现实,静下心来好好地检查自己,看看自己所学到的知识结构是否有问题,所掌握的技能是否与市场需求对得上口……因为,自己的命运完全掌握在自己的手中。

对于挫折中的人,命运会赐予他最妙的补偿,那就是从哪里跌倒就从哪里爬起来。他应该带着现实的态度,以稳健的步伐走下去,充实自己的人生,实现自身的价值。生命的好处,也正是在这个时候才像春天吐芽一般,一点一点地显露出来。

人生是一条看不到尽头的路,把命运掌握在自己的手中,艰难的人生征

> 松开手，世界就在你手中

途中就会充满希望和成功。不要抱怨，命运这副牌掌握在自己手中，要靠自己的努力才能赢得好结果。相信自己选择的路并一直走下去，因为只有这样才能见到最终的结果。

抱怨对解决问题没有任何帮助

一个成功的人是永远不会为自己的错误找借口的，他会停止抱怨，从自己身上找出原因，然后去取得事业的成功。

"为什么他比我富有？""为什么他比我幸福？""为什么这些不幸全都发生在我身上？"人们多少都会拿自己和他人进行比较，工资的多少、家庭的幸福，从物质到精神，等等，似乎不通过比较就不知道自己怎么样，不比较就不能确定自己的位置。然而，比较的结果通常会让人看到不同，并产生抱怨，似乎抱怨一下就可以将它们排解出去。

池画最不愿意碰到的事情就是一大早起来就下雨，每当这个时候，她就会抱怨一整天，不管什么事情，她都能找到冷嘲热讽的借口。在公交车上，如果有人拿着一把湿雨伞站在她旁边，她就会对那个人不停地翻白眼，嘴里还骂骂咧咧的；如果到公司的时间比上班的时间要早，她也会不满意，她会怪司机把车开得太快了，以致她早到公司了。总之，她是一个对生活不停抱怨的女人，身边的同事都不想和她来往，当然，这也成了池画抱怨的事情之一。

生活中，我们每天都会听到很多抱怨的声音，有别人的，也有自己的。似乎世界真的是那么一团糟，然而，询问一下那些不抱怨、踏实生活的人，他们会告诉我们生活是多么多姿多彩。我们在抱怨别人的时候何不先想想自

第二章 笑对逆境——曲折的生命更精彩

己，为什么总是那么喜欢对身边的人产生不满的情绪，发出抱怨的声音？

我们埋怨的无非是身边的人不知道为我们的利益做出让步，遇到和自己利益有关的事情，我们都巴不得占尽好处，而那些和我们分享好处，甚至只是在旁边构成威胁的元素都成了让我们碍眼的障碍物。偶尔对生活抱怨一下不会影响我们的工作和生活，因为适当的抱怨确实可以为人舒缓压力，在这样无关痛痒的抱怨之后，人们可以继续认真积极地做自己的事情，但是，如果一个人长期处于这种状态，那么他的生活就真的是没有什么乐趣可言了。

其实，生活的不公不顺以及人与人的种种不同，并不值得我们去抱怨。每个人的人生起点不同，境遇也不同，挫折和失败、成功和幸福都与每个人相伴，只是程度不同而已。对这种不同，不能正确对待，只会让人不满，引发牢骚和抱怨。抱怨的人把自己的不幸归于天、归于地，甚至命运和社会。然而，这并不能改变事实，相反却证明了抱怨者不敢正视自己、正视现实。

一个善于为失败准备借口的人，无论怎么掩饰，都是一个不折不扣的懦夫。借口、抱怨，从来都是弱者的标志，历史上和我们身边的成功人士从来都不是以抱怨取得成功的。

在我们抱怨别人的同时，要先想一下自己：为什么要抱怨？凭什么抱怨？为什么只有自己不满意，而别人却满意呢？那些我们不喜欢的人也有他的可爱之处，由此可见，他并不是自己想象中的那么不招人喜爱，或许是自己的偏见，又或许问题根本就出在自己身上。在一个不好的环境中，为什么有的人就一直在喋喋不休地埋怨，而有的人却能淡然处之呢？那说明问题并没有严重到让人不能忍受的状态，从自己身上找一下原因，也许很多事情看起来就没有那么不尽如人意了。

薛洋是一个业务员，但是令他苦恼的是，他的业绩在公司是最低的，每个月拿到的单子也是最少的，甚至工资有时候拿得没有别人的一半多，所以薛洋每天就像一个怨妇一样不停地说公司的坏话、客户的坏话，埋怨不休。

有一次，当薛洋又开始抱怨的时候，公司一个跑了很长时间业务、有着

松开手,世界就在你手中

丰富工作经验的老员工走到薛洋旁边说道:"小伙子,你每天叽叽咕咕地说些什么呀?我看你整天都对这个不满意、那个不满意的!"薛洋又开始了抱怨,那位经验丰富的老业务员居然没有打断薛洋的抱怨,直到薛洋自己意识到有点过火才住了口。老业务员对他说:"你明天早点来公司吧,不要跑业务,就和我待一天,完了之后你就知道为什么你的业绩老是提不上去了!"薛洋半信半疑地点点头。

第二天,一向踩点上班的薛洋起了个大早,快到公司的时候一看时间,居然早到了40多分钟,薛洋想,这下子糟了,都不知道公司有没有开门呢,但是等他到公司一看,所有的同事都到了,自己显然是最后一个。原来同事们天天都这么玩命,薛洋有点惊呆了。这时候老业务员笑着走过来说:"公司就你一个人是天天按时上下班的,他们都来得早,走得晚。好了,跟我出去吧!"薛洋傻愣愣地跟在他后面,直到这一天薛洋才明白自己和他们的差距为什么这么大:遇到客户拒绝的时候,薛洋的做法是不管了,骂骂咧咧地找一个舒服的地方待着,而别人的做法却是一而再、再而三地客气拜访,被第一个客户拒绝了,就去找第二个、第三个,没有人会因为被拒绝而像自己一样抱怨不休。每天下班的时候,一到下班的点,薛洋马上就消失得无影无踪了,而这时候,同事还在到处跑客户。

抱怨对解决事情而言没有任何实质性的帮助,成天地抱怨不但使自己让别人觉得厌烦,更是白白地浪费了自己的时间和精力,我们不能因为迟到了,就抱怨公交车开得太慢,或者电梯突然坏了,就抱怨维修人员没有及时处理。一个成功的人是永远不会为自己的错误找借口的,他会停止抱怨,从自己身上找出原因,然后去取得事业的成功。

放弃抱怨,要学会处理负面情绪,设想解决方案。人的情绪都是一时的,长久地被情绪左右,就不能更理智地看待问题,而解决方案需要人们理智地思考。化抱怨为改变,自己就能更好地把控事情。

放弃抱怨,就是给自己一个直面现实的机会、改变事情的机会。放弃抱怨并不是在困境面前不作为。面对值得抱怨的事物，我们应该理智地分析产生的成因，积极地寻求解决的办法。如果暂时不能解决，那么就以沉默代替抱怨，等条件成熟时再去解决。

所以，当我们遭遇令自己不痛快的事情的时候，先不要急着抱怨生活，要先从自己身上好好地寻找原因，然后，对症下药，解决问题。只有准确地找到原因，才能让人生更完善、更圆满。

困难的背后必有巨大的幸福

只要我们还拥有生命，不管处于什么样的困境，我们都可以找到上帝为我们早早预置的另一个人生出口，因为在关闭一扇门的同时，上帝已经悄然为我们打开了一扇窗。

席勒是美国著名的潜能开发大师，他经常到全国各地去演讲，精彩的演讲加上坚定希望的语气，使很多人都备受鼓舞，他经常挂在嘴边的一句话是：一切的困难背后，必定有一个巨大的幸福在等着。这句话激励了全世界很多人，其中也包括席勒年幼的女儿。

因发生意外事故而截肢的女儿当时只有几岁，然而，在不幸面前，这个年纪幼小的女孩子表现出了超乎常人的意志力，在席勒自己都不能控制情绪的情况下，女儿反过来安慰他："爸爸，您不是说过，困难的背后，会有一个很大的幸福吗？虽然我没有腿了，可是我还有手！"坚强的小女孩依靠自己的努力，成为了一个十分出色的全垒球王。

上帝是公平的，在给予我们某个东西的同时，就一定会带走某些东西，

松开手，世界就在你手中

以达到人自身的平衡。然而，只要我们还拥有生命，不管处于什么样的困境，我们都可以找到上帝为我们早早预置的另一个人生出口，因为在关闭一扇门的同时，上帝已经悄然为我们打开了一扇窗。

很多时候人们会觉得自己的命运悲惨，没有别人的美貌，也没有可观的家世，甚至没有健全的身体，每当这种情况出现的时候，人就会为自己的命运感到愤然。实际上，我们不觉得自己幸福，对自己的人生没有感恩的心，并不是因为上天的不公平，而是很多时候处于一种身在福中不知福的状态下。我们感觉不到幸福，是因为我们并没有意识到，有些离合悲欢、伤心痛楚，也是一种幸福。人都是贪心的，对有些注定不属于自己的东西永远不知道满足，对自己所拥有的又不懂得珍惜。塞翁失马，焉知非福，说不定，一次转身的工夫，我们就能拥有美妙的人生。

在人世间奋斗的每个个体，没有一个是不经历灾难的，谁都会有一些撕心裂肺的痛苦，但是，不管我们处于什么样的不能自拔的痛苦中，都不能放弃希望，有了希望才会有继续奋斗下去的动力，才能找到通往成功人生的入口。在困难面前，每个人都有重生的机会，但不是每个人都能跨过人生的大坎，这是因为不是每个人都能找到上帝为他开的那扇窗。

2004年发生的印尼海啸，到现在为止，都像一部真实的恐怖大片一样惊悚地停留在很多人心里，甚至在午夜梦回的时候，耳朵旁边都是那些凄厉哀伤的急切呼救，没有人愿意回忆那段渐渐被时间埋没的灾难。但是，在这样的狂风暴雨下，还是有很多感人至深的故事是值得人们铭记的。灾难来临并不意味着一定不能活着逃出去，有一个孕妇，当死神快要降临的时候，却创造了生命的奇迹。

当海啸袭击村庄的时候，大水在瞬间就摧毁了整个村子，所有人都逃到地势较高的地方去了，一个即将临盆的孕妇也在其中。原本孩子没有那么快出生，但是因为孕妇受了刺激，所以孩子早产了。在道路交通根本不能通行的状态下，如何让一个孕妇安全生产是一个很大的问题，如果没有得到及时的引导，可能孩子和母亲都保不住。死神似乎在狞笑着一步步向这个还没出生的不幸的孩子走过来，然而，所有的村民在那时开始了接力赛，他们用自己的身体当作交通工具，将孕妇托起来，安全地送到了村里的小医院里，最后孩子得以安全地生了下来。

在道路都被摧毁的情况下，这名孕妇不能出去求医，那么很可能造成一尸两命的惨剧，但生命在于奋斗，我们要片刻不停地寻找新的希望。在困难面前，我们总是有种走入死巷子的感觉，似乎怎么都逃不出去，然而，这一切都只是错觉，当我们转身的时候，就能看见出口。我们不能在遇见困难的时候就抱定绝望的心态，希望无处不在，无论在什么样的绝境里，只要我们不放弃寻找，就一定能找到上帝开的另一扇窗。

人生多是多灾多难的，面对困难的时候如果我们一味地退缩，在困难面前低下头，那么我们就输掉了自己的人生。困难就像是弹簧，我们强势的时候它就会退缩，我们害怕、表现出弱势的时候，它就会立刻反弹回来。一个成功的人生不仅要有天不怕地不怕的闯劲，还要有发掘希望的决心。人生没有一个现成的模板让我们非常顺利省心地走过去，我们必须在走的时候开发新的生命之道，一条路不通，就寻找另外一条，只要不放弃希望，就会有成功的一天。

想成功至少要有一颗成功的心

著名诗人顾城说过："上帝给了我一双黑色的眼睛，我却用它来寻找光明。"在生活中，我们也要用黑色的眼睛来寻找生命之光。

松开手，世界就在你手中

有一个有钱有势的大人物出游，经过一片坡地的时候，看见一个人躺在山坡上休息，大人物走近一看，那个人是个乞丐，衣衫褴褛，脏衣服上打满了补丁，但是这个乞丐似乎与以前见过的乞丐有许多不同。

大人物仔细看了一下，发现这个乞丐居然是面带微笑地躺着，似乎对自己的处境很满意。大人物觉得不可理解，就开口问乞丐："别的乞丐天天都那么悲伤，你为什么看起来很高兴呢？"乞丐回答："我没有房子、金钱要担心，一人吃饱全家不饿，我为什么要悲伤？"大人物点点头，说："那我能为你做点什么吗？"乞丐说："能，不要挡住我的阳光！"

有的人总在为自己的所失而抱怨，他们站在阳光下面，背向太阳，看着别人身上一片灿烂，就抱怨阳光照不到自己身上，其实，这样的人生是最暗淡的，不是阳光照不到他们，而是他们眼睛里看不到照射在自己身上的阳光。

世界上有人类的地方总有这样一群人，他们喜欢把自己的小悲伤、小不幸无限制地扩大化，他们的眼睛总是看着别人身上闪耀的光环，恨上天不公平，怨世态炎凉；他们一边抱怨社会秩序太乱，一边不遵纪守法；他们对身边的人冷嘲热讽、极尽刻薄；在别人辛苦打拼的时候，他们在一边指手画脚，什么事情都不干；遇见困难的时候，他们就哭天抢地，怨尽周围一切的人和事，就是从来不怨自己。这样的人，从来没有想过成功的机会也曾经眷顾过自己，只是自己没有准备，更不知道把握，该努力的时候不努力，该坚持的时候不坚持。他们对生活总是失望，在他们的生命中，希望是一个难得的存在，他们不知道什么事情都是可以改变的，什么困难都是可以克服的，和所有成功的人一样，他们也是优秀的。

抱怨对我们的实际生活而言，不能起到任何实质性的作用，它只能让我们逞一时的口头之快。我们抱怨，我们不快乐，并不是世界给予的不多，而是我们要求的太多，我们的心过于贪婪，有钱的人希望自己更有钱，成功的人希望自己更成功，长得漂亮的人希望自己更加倾国倾城，人的欲望就是一个永远都填不满的无底洞。世界上最富有的人并不是那些拥有巨额财富的人，

第二章 笑对逆境——曲折的生命更精彩

而是那些知足的、心境淡然的、在最黑暗的时间段里都能看得见阳光的人。

赵雯很小的时候父母就去世了,她与年幼的哥哥相依为命。14岁的时候,赵雯刚刚初中毕业,17岁的哥哥为了供她读书,小小年纪就外出打工了。

高中的时候,赵雯一个月只有几十块钱的生活费,她从来没有在食堂吃过一份荤菜。整整3年高中时间里,她没有买过一件新衣服,身上穿的衣服都是用哥哥穿过的旧衣服改小的。她是一个长得很文静的女孩子,却成天穿着男孩子的衣服在学校里穿梭。对于这一切,赵雯觉得非常满足,她对人说她是一个很幸运的女孩子,虽然没有了爸爸妈妈,但是她有一个非常疼爱自己的哥哥,虽然没有好吃的饭菜,但是她不会饿死,没有好看的衣服,但是不会冻死,和很多人相比,她已经很幸运了。赵雯不但心态好,学习也很努力,她相信,通过自己的努力学习,将来一定能给自己和哥哥一份安逸的生活。

然而,天有不测风云,哥哥在上班的途中居然出了车祸,命虽保住了,但是两条腿没有了,从此再也不能上班了。哥哥整天沉浸在痛苦中,甚至三番五次产生轻生的念头,但都被赵雯及时制止了,她依旧满怀希望地说:"哥,你倒下了,还有我啊,咱们这个家不会就这样垮掉的,我可以去工作,挣钱养活咱俩。哥,虽然你没有了腿,但是还有命啊,有命就有希望。"

一个人,如果没有一个坚强得足以让他名扬天下的外在条件,至少要有一颗成功的心,相信自己能够成功,相信自己能够克服成功的道路上遇到的一切困难,相信风雨之后的彩虹会更加耀眼清澈。顾影自怜不但不能改变现状,还会使人产生柔弱的心态,阻碍困难的解决和人生的腾飞。

生命之火燃烧得最旺的往往是那些处于逆境中的人。他们不会被周围黑暗的环境迷住双眼。著名诗人顾城说过:"上帝给了我一双黑色的眼睛,我却用它来寻找光明。"在生活中,我们也要用黑色的眼睛来寻找生命之光。只有那些在困难面前不放弃希望、努力寻找阳光,在人生不顺的时候依旧能笑对人生的人才能成功。

> 松开手,世界就在你手中

成功需要不懈的努力奋斗

每个人都会遇到低谷,每个人的人生都会遭遇瓶颈,努力了、克服了,那么就成功了,如果抱怨、自暴自弃,就只能重新回到庸庸碌碌的人群中。

在王安石的《伤仲永》里,我们看到,方仲永是一个天赋极高的男孩子,他写的诗连村里的老人都交口称赞,原本这样一个天才应该是发挥自己该有的价值,成为国家的栋梁之材的,但是目光短浅的父亲却带着他四处卖弄学识,终于将一个旷世奇才埋没在庸庸碌碌的人群中。

世界在片刻不停地向前进步,人也一样,当我们为自己天生的才识沾沾自喜的时候,别人很可能就已经超过我们了。一个人要想取得成功,就必须有胜不骄、败不馁的心态。

成功总是一件高兴的事情,世界上所有人都希望自己能成功。如果通过自己的努力达到了自己的目的,固然是一件可喜的事情,但是很多人却喜过了头,产生了骄傲的情绪,忘记了潜在的危机。舒适的环境总会使人忘了潜在的危机,等事到临头了才后悔,然而,已太晚了,很多人就因为一时贪图享乐而毁掉了自己辛苦建立起来的功绩。这个世界的现状是我们在做的时候,别人也在努力,我们成功了,并不代表别人就放弃努力了,相反,他们会比以前更加勤奋地追赶社会的脚步,所以,当我们闭着眼睛享受成功乐趣的时候,当我们沉浸在安逸之中的时候,那些曾经不如我们的人就会悄无声息地赶上我们,甚至超过我们。

师童总是会想起自己当初开公司时候的艰苦,那时候身上没有钱,也没

第二章　笑对逆境——曲折的生命更精彩

有人脉，只凭着一腔热血和不服输的精神将公司成立。师童自己都不记得这个新成立的公司被多少同行联合排挤和打压，但是，不管怎么样，他是鲤鱼越过了龙门，成功地闯过了人生的大关，现在的师童已是几家上市公司的老总了，他有资本得意。

人总是喜欢过快活安逸的日子，公司站稳脚跟之后，师童将具体的业务都交给他信任的一些公司骨干，自己每天和市里一些有权势的人喝酒应酬，他找借口安慰自己说这是必需的商务应酬，但是，不可否认，平民出身的师童似乎变成了一个贵族，他喜欢上这种夜夜笙歌、纸醉金迷的生活，他喜欢那些年轻貌美的女孩在听说自己艰苦的创业经历之后流露出来的崇拜之情，他越来越满足于自己的成功，陷入了骄傲自满的迷局。身为一把手的师童渐渐不理公司的业务，他非常信任自己任用的人。

随着事业做大，师童的脾气也变得比以前大很多，以前谦顺文雅的年轻人突然之间变成一个大腹便便、满口脏话的暴发户模样，他不但肆意地谩骂下属，对行业里的资深前辈甚至市里的领导都口出不逊。在师童心里，那些靠关系、靠家境成功的人根本算不上成功，而他才是一个事业上真正的英雄。

渐渐的，师童得罪的人越来越多，看他不顺眼、想要把他弄垮的人也很多，而他本人却丝毫不知，不仅不听人劝告，甚至把好心相劝的员工全部解雇。直到一个竞争公司将师童的公司击垮之后，身处夜总会的师童才如梦初醒。原来他一直深信的心腹中就有一个人是竞争公司在师童的公司成立之初就安排进去的商业间谍，在师童公司潜伏那么久，就是为了取得师童的信任，从而盗取师童公司的商业机密，被胜利冲昏头脑的师童丝毫没有发觉，最终失去了自己辛辛苦苦建立起来的公司，一无所有。

打江山不容易，守江山更难，辛苦建立起来的家业一旦失去了，想要重建更是难上加难。

还有一群人，在奋斗的时候遇见困难或者挫折了，或许一次两次能够努力奋斗，将问题解决，但是如果长时间处于困境之中，就会丧失斗志，会怀

> 松开手，世界就在你手中

疑自己选择的道路是不是走得通，甚至怀疑自己的价值，否定自己，变得自暴自弃。然而，即便我们将自己和周围的一切都否定了，即便我们整日整夜不眠不休地抱怨，事情也不可能会自行解决，我们也不可能在这样的情况下变成一个人人羡慕的成功人士。没有一个人的成功是轻易得来的，在经历困境的时候，我们只能擦干汗水和眼泪，重整旗鼓，继续奋斗。

每个人都会遇到低谷，每个人的人生都会遭遇瓶颈，努力了、克服了，那么就成功了，如果抱怨、自暴自弃，就只能重新回到庸庸碌碌的人群中。一个在成功之后不知道好好守护自己果实的人，和一个在即将成功或者在成功道路中遇到问题而自怨自艾的人，都不可能成为优秀出色的人。

与苦难并存的往往是希望

没有一个人是整天沉浸在失望和困苦中而获取成功的，那些成功的人一定是在遇到困境的时候，能在绝望中寻找希望的人。

一头驴掉进了枯井里，主人想尽办法也没能把它救上来，最后主人决定放弃。为了给驴减少点痛苦，主人请邻居帮忙把驴子活埋。于是，他们开始一铲一铲地向井里填土。

这时，驴子意识到大家要将它活埋，它不禁放声悲鸣，这样的驴鸣让人听了有些心酸。为了尽快解除驴的痛苦，人们加快了填土的速度。可是，过了一会儿，驴子突然停止了叫唤。众人以为驴子已经死了，于是就探头往井底看。结果让他们非常吃惊，驴根本没有死，它还好好地站在那儿。那些铲进井里的泥土原本落在驴的背上，它都一点点地抖落下来，然后站到那些泥

第二章 笑对逆境——曲折的生命更精彩

土上面。现在，这头驴正安静地站在那儿，等待着众人给它填土。就这样，大家又不停地填土，驴很快便升到了井口，随后在人们的唏嘘中跑了出来。

很多人在遇见人生困境的时候会觉得失望，抱怨上天的不公平：为什么有人活得那么好，而自己却这么落魄、这么倒霉？实际上，失望的不是问题本身，而是人的思维，与苦难并存的往往就是希望，我们要想活得更好，就必须善于在困境中挖掘希望的种子。

有些人总是羡慕别人的光鲜亮丽，然而，当我们羡慕别人的时候，说不定人家也在羡慕我们。每个人都有自己的生活方式，我们不能说哪种方式好、哪种方式不好，世界上没有一种令人满意的生活方式，那些光鲜亮丽的背后有我们无法想象的困难，只是我们没有经历过，不能体会，就像别人不能理解我们的生活，从而羡慕我们一样。

人不能一遇见困境就对自己失望，世界上没有绝对的事情，没有绝对的完美，也没有绝对的不可能，很多事情我们之所以认为不能够解决，并不是凭自己的能力不能解决，而是因为我们在心里已经认定自己不能解决，在问题伊始，就人为地给自己下了一个不可能的结论。然而，事实却并不是这样的，只要我们心里面抱有希望，就一定能从绝望中找出路来。即使是被大火烧得一点都不剩的地方，到了第二年春天，还是能长出嫩绿的小草。没有一个人是整天沉浸在失望和困苦中而获取成功的，那些成功的人一定是在遇到困境的时候，能在绝望中寻找希望的人。信念是一股支持我们成功的强大力量，没有人敢低估它的作用。当我们认定自己能够拥有某些东西的时候，一定要在心里坚定自己能够拥有的信念，很多人一辈子庸庸碌碌，并不是因为上帝的安排，而是因为他们一辈子没有产生过想要成功的念头。

有一个年轻人生活在一个非常普通的小地方，这里的每个人都过着平凡并且重复的生活，原本这个年轻人也应该是这么活着的，可是，他却有一个坚定的信念：他要和别人不一样，一定要，也一定能找到一条通往成功的道路。

当他认为什么事情是不可能、产生绝望心理的时候，他脑子里就会想起

松开手，世界就在你手中

母亲曾经告诉他的话："一个人之所以一辈子贫穷，那是因为他从来没有产生过富裕的希望。"他坚信这句话，上帝给了他贫穷，但是没有安排他这样贫穷地生活一辈子。所以当他长大成人之后，他做的第一件事就是离开现在居住的地方，他要去远方寻求希望、寻求成功。

经过一番考察和思考之后，这个年轻人认定了肥皂业，从摆地摊做起，开始了他的售卖肥皂生涯。不管遇见什么问题，他都不相信是上帝给他安排的，他有着坚定的决心，一定能将事情解决，即使是公司倒闭了，也还是有其他成功的可能。他大胆地创业和生活，终于，他成功了。

如果年轻人和其他人一样永远抱着"我就这样"的思想，他就永远不能成功。困境只是摆在希望面前的一堵纸墙，只要下定决心去捅破它，伸伸手指就行了。我们不能总是被眼前的困难迷惑，困难是成功的影子，如影随形，我们不能因为一片暗影而失去阳光。人生，没有困境就无法精彩，不冲破困境找寻希望，就无法提高，要想生命之花开得更加艳丽，就必须在不可能的时候找到可能，在困境中找到希望。

幸福，并不是上帝给予的，而是人积极争取的。当我们在困境中并不失望，而是乐观向上、继续享受生活乐趣的时候，幸福和成功就会在前方等着我们。

精彩其实就存在于平凡中

没有一个人的精彩不是从平凡中获得的，他们并不是从出生开始就过着令人羡慕的精彩生活，只是相对于其他人而言，他们更加善于发现，能够从平凡中堆砌出自己不平凡的人生。

第二章 笑对逆境——曲折的生命更精彩

摄影师总是能在别人认为没什么不一样的事物中看见绝美的一面,然后将那个画面捕捉下来,放在镜头里面,定格成永恒。

江源就是这样的一个摄影师,他开始学的并不是摄影,而是绘画,但是很快他就发现,虽然同样是记录美的方式,画画总是不能快速地抓住他想要的东西,所以,他开始学摄影。江源对事物的观察有着敏锐的洞察力,他总是能找准角度,将最美的画面呈现出来,而这些震撼人心的作品,无一不是在我们日常的生活中发现的。

现在很多广告都打出不平凡的广告语,很多人一生都在追求自己的不平凡,叫嚣着要活出属于自己的精彩,但是大多数人都不能如愿以偿,他们开始抱怨,在最平凡的生活里变得平庸。然而,不管多么精彩的人生,都是从平凡的生活中打磨出来的,我们必须要有一双在平凡中找到美丽的眼睛。

每个人都有着敏锐的感官,只要我们想,就一定能捕捉到生活中的精彩与美好,只是,很多时候,我们都没有留意,而让这些精彩美好的瞬间从身边溜走了。看似平凡的事物往往是最不平凡的,大家都知道一加一等于二,但是迄今为止没有一个人能够将这个等式证明出来。我们往往眼高手低,在寻求生命精彩的同时,却忽略了其中最精彩的部分。没有一个人的精彩不是从平凡中获得的,他们并不是从出生开始就过着令人羡慕的精彩生活,只是相对于其他人而言,他们更加善于发现,能够从平凡中堆砌出自己不平凡的人生。

说起拿破仑,大家一定会联想起他轰轰烈烈的精彩人生,但是和大家一样,早期的拿破仑也只是芸芸众生中的一员,他没有显赫的家庭背景,没有出众的才华,放在人群中也是一个难以找到的角色,但是,他能从自己平淡如水的生活中找到精彩的东西,让自己的人生变得与众不同。

年轻时的拿破仑是个一心想要出人头地的小伙子,他的生活一直不富裕,在父亲死后,拿破仑要拿出自己一半的薪金给母亲,但是不管条件如何艰苦,

松开手，世界就在你手中

拿破仑都没有放弃努力，他相信美好的生活一定就在不远的地方，他不因为自己的困境而自暴自弃，相反，他从这些逆境中找寻使自己快乐的因素，这些看似平凡的生活让年轻的拿破仑充满了激情和希望，他不断地读书，充实自己，他相信总有一天会有人赏识他的才华。终于，他被一位长官看重，开始了他大不一样的精彩人生。

生活的美好和不美好往往就在人的一念之间，当一个人能以淡然的心态面对人生的时候，他总是能在平淡无奇的生活中找到令人高兴的事情，也许是一朵晨开的花，也许是一个醉心的吻。人总是喜欢在日复一日中将精彩平淡化，不管是多么震撼的事情，都有一定的保质期，过了这个期限，人们就会厌倦，从而把它划归平凡，这个时候，我们就必须再寻找新的、让人觉得不一样的事物，所以，生活中其实完全不缺少精彩，缺少的只是发现精彩的眼睛。

当看到舞台上光彩夺目的大明星的时候，我们会羡慕他们那种精彩纷呈的演艺生活，在看电视剧或者电影的时候，我们也会被影视剧中的人物深深吸引，甚至会把自己幻想成里面的某个角色，希望能和他们一样过那种戏剧化的生活。实际上，我们的现实生活就是这样的一部大片，如果有导演来把我们每天这些琐碎平凡的生活搬到荧幕上的时候，我们就会惊讶地发现，其实自己平淡无奇的生活是很有看头的。生活中，快乐的人总是不忘在自己身边寻找乐趣，所以，只要善于发现，每个人都能在平凡中活出别样的精彩来。

第三章
淡然处世——学会控制自己的情绪

> 心平才会气和。生气和愤怒都源自心中的欲念,其实,即使拥有了全世界,我们也只能睡一张床,所以,学会控制自己的情绪,放弃那些让我们过于沉重的欲望,珍惜拥有,做一个真正的心理富翁,才不会被无谓的烦恼所左右。

第三章　淡然处世——学会控制自己的情绪

风度从来不与生气为伍

生气，可能会帮我们浇灭盛怒的火焰，宣泄心头的不满，但是绝对不会在别人的心中留下好的印象，风度从来不与生气为伍。

任何人都喜欢迎接一副由于饱含热情而微笑的面孔，没有人喜欢欣赏一副生气的面孔，即便是我们血浓于水的亲人、无话不谈的知己，他们虽然会包容我们的任性和冲动，但是我们愤怒的容颜一样会让他们生厌，甚至会影响彼此之间的感情，更不必说在工作中或者其他方面的人际关系了，容易动怒将会断送我们的好人缘。

如果说微笑是优雅的外衣，那么，愤怒则是粗鲁的代号。当愤怒像瘟疫一样不断扩散的时候，人们会因此远离我们。美国总统威尔逊说过一句话："如果你握紧了两个拳头来找我，我可以告诉你，我的拳头会握得更紧。"每个人都会全力以赴地保护自己，当我们的愤怒给别人造成伤害的时候，别人也很可能会用同样的方式来回应我们。所以，在人生的舞台上，没有人会去欣赏一场生气的表演，如果我们尽情地去演绎，最终受伤的还是自己。

杰克刚刚在政坛上崭露头角，即将参与竞选的他经人引荐去拜访一位资深的政界人士，希望这位叱咤政坛的前辈能传授给他一些成功的经验，教教自己如何获得更多的选票，为竞选添加筹码。

听了杰克的来意，这位资深的政界人士很乐意和他谈一谈，但是在谈话

松开手，世界就在你手中

之前提出了这样一个要求，如果杰克每打断一次他说的话，就得付 5 美元。

"好的，没问题。"杰克很爽快地答应了他的条件。

"很好，那我们马上开始。首先就是，你对于你所听到的那些对自己诋毁或者污蔑的语言，一定不要感到愤怒，并且时刻都要注意这一点。"资深人士说道。

"这个我可以保证自己能做到，无论别人说什么话我都不会生气，对于他们的话我丝毫不会在意。"杰克自信满满地回答。

"哦，那很好，不生气是我成功经验里的第一条，也是最重要的一条。但是现在，坦白地说，我不希望像你这样一个没有道德的流氓来当选……"

"什么？先生，您不能这样……"杰克打断了资深人士的话。

"请付 5 美元。"资深人士向杰克伸出了手。

"噢！天！这只是一个教训，对不对？"杰克辩解道。

"是的，没错，这是一个教训，然而，这事实上也是我个人的看法……"这位资深的前辈轻蔑地说。

"您为什么要这么说……"杰克似乎要发怒了。

"请付 5 美元。"

"啊！噢！"杰克气急败坏地说道，"您的这 10 美元获得的也太容易了，这又是一个教训。"

"当然，你是不是应该先把这 10 美元付给我，然后再继续进行交谈呢？我也不想这样，可大家都觉得你是一个不讲信用和喜欢赖账的人……"

"你太可恶了，你怎么这样诋毁我……"杰克几乎暴跳如雷。

"请付 5 美元。"

"啊！又是一个教训，哦，我必须试着控制自己的情绪。"杰克安慰着自己。

"很好，之前我说的那些话并不出自于我的本意，现在我收回，我觉得你是一个让人尊敬的人，因为考虑到你卑贱的家庭出身，毕竟你的父亲是那样

第三章 淡然处世——学会控制自己的情绪

一个声名狼藉的人……"

"你才是个声名狼藉的恶棍!"杰克气得跳了起来。

"请付5美元。"政界前辈气定神闲地说,"现在,已经不是5美元的问题了,你要知道,每发一次火或者每当因自己受到侮辱而生气的时候,你就会因此至少失去一张选票。对你来说,选票可远远比银行的钞票要值钱得多。"

在这次谈话中,杰克学会了自我克制。

杰克花了好几个5美元上了一课,学会了应当怎样面对外界环境的干扰,怎样摆脱愤怒的情绪。如果没有这一课,他可能会因此付出巨大的代价,失去选票,甚至会因此永远告别政坛。

生活中我们也会遇见这样的人,他们故意激怒我们,让我们暴跳如雷,目的就是想看到我们生气的丑态,把看我们出丑当作一种乐趣。面对这样的情况,我们更加没有必要生气,别人越是想激怒我们,我们越要离愤怒的圈套远一些,让正躲在角落里等着看我们出丑的人失望而归。否则当别人知道我们跳进了他的陷阱之后,只会给我们贴上"笨蛋"的标签。更多的时候,那些让我们生气的人并不是有意去惹怒我们,但我们却因此而生气,这样听起来更加可笑,对方对于我们的生气根本就不知情,我们却为此大发雷霆,我们所有的愤怒都只是自编自演的一场独角戏。

生气,可能会帮我们浇灭盛怒的火焰,宣泄心头的不满,但是绝对不会在别人的心中留下好的印象,风度从来不与生气为伍。因此,学会尽量去控制自己的情绪,别成为生气的奴隶,不受情绪的摆布,是保持风度的秘诀,也是维持淡然心境的法门。

> 松开手，世界就在你手中

与其生气不如争气

人生在世，有的时候难免受到别人的误解和指责，这个时候的态度往往决定着我们的成败。

有一位法师，他在寺院后的山洞里修行10年后才回到寺院里，之后他每天都会在大殿里通宵打坐。

有一天，大殿上功德箱里面的钱突然丢失了，他无疑成为众人怀疑的对象。因为大家都知道他每夜都会在大殿内打坐，如果是别的盗贼前来行窃，他应该知晓才是。但是，当寺院主持当众说这事的时候，他并没有任何的反应，所有人都认为偷功德款的人一定就是他了。所以，全寺的僧人以及居士无不对他投来鄙视的目光。

但是，当这个法师处在这种人人怒目相视的环境中时，他仍然心平气和，若无其事。他既没有站出来喊冤叫屈，向众人申明一切，也并没有流露出半点儿受委屈的情绪，与平常没有两样，每天按时去吃饭，每晚还是照样去大殿打坐。

7天后，寺中的主持对大家说，功德款根本没有丢失，这是主持为考验那位法师而想出的主意，主要是想知道他在山洞中住了10年修炼到了什么样的境界，没料到他竟能在遭遇冤枉的情况下依然不改常态，以一颗平常心去生活，为此，全寺上下无不由衷地崇敬他。

人生在世，有的时候难免受到别人的误解和指责，这个时候的态度往往决定着一个人的成败。像法师那样坦然面对、淡然处世才能经受住各种考验，

第三章 淡然处世——学会控制自己的情绪

使自己的人生境界得到升华。其实，在成功的道路上，阻碍我们前进的并不是缺少机会，抑或是资历浅薄，而是缺乏对自己情绪的控制。愤怒时不能制怒，使所有的人对我们敬而远之，消沉时放纵自己的萎靡，让稍纵即逝的机会从指缝中溜走。

纵观古今中外，那些颇有成就的人大多并不是由于自己有如何聪颖的天资、如何高明的手段，而是因为他们能将情绪收放自如，这时候，情绪已经不仅仅是一种情感的表达渠道，而是攻防中使用的兵器。

日本狮王牙刷公司的董事长加藤信三的成功秘诀就在于他深谙不生气的智慧。

加藤信三本来只是狮王牙刷公司里的一个普通小职员，工作非常辛苦。有一天，因为前一天夜里加班到很晚才休息，所以第二天早上，闹钟响起的时候他还昏昏沉沉地想赖在被窝里不起来，他强迫自己起床，然后去洗漱，再赶到公司去上班。但是，他越着急事情越乱，匆忙中他将牙齿刷出血来，使用自己公司生产的牙刷竟然刷出血，这使加藤信三火冒三丈，满腹牢骚地冲出家门上了电车。

他怒气冲天地走进公司的大门，打算去技术部门发一通牢骚，但是在去的路上，他的脚步渐渐慢下来，心情也渐渐地平静下来。

"发火就能解决问题吗？当然不能。"在自问自答中，他走进了办公室。于是，他开始和同事们讨论牙刷会将牙齿刷出血的问题，并提出了如何改变牙刷毛质和牙刷造型、怎样排列刷毛才能更好地清洁牙齿又不会伤害牙龈的各种改进方案，然后加藤信三开始通过各种实验选择最好的改进方案。最终，他发现牙刷毛是由机器切割的，因此，刷毛的顶端都是锐利的直角。这才是问题产生的真正原因！他欣喜若狂。

他提出，只要改变刷毛的切割方式，把那些直角变成圆角，就可以让牙刷更加实用。同事们十分赞同他的提议，多次实验之后，加藤信三和几位同事将一份成熟的方案递交给上司，公司迅速投入资金生产，于是，新的狮王

> 松开手，世界就在你手中

牌牙刷就诞生了，这种牙刷十分受欢迎，公司因此大大赢利。加藤信三由于为公司做出了巨大贡献而被提升为主管，后来，他成为公司董事长。

生活中的我们在遇见加藤信三这样的情况时会怎么做呢？是努力控制住自己的情绪，像加藤信三那样去寻求改变现状的方法，还是不管三七二十一，先发泄一通再说？如果我们选择了前者，那么，我们离成功又近了一步，如果我们选择了后者，结果必将导致自己蒙受情绪的拖累，从而和成功失之交臂。

每个人都会有冲动的时候，但聪慧的人十分清楚情绪会给他们带来无法预料的后果，他们会把即将爆发的情绪立刻收回，让自己迅速地冷静下来，或者是在即将爆发的时候转身离去，不把情绪带来的不良反应传给他人。控制自己的情绪，能够体现一个人的涵养和处世态度，如果情绪处理得当，能将阻力化为助力，能够帮助我们化险为夷，如果处理不当，则会发生许多非理性的言行举止，轻则误事受挫，重则违法乱纪。

要相信，生气不能给我们的人生带来任何美丽的音符，更不会美化我们沿途的风景，因此，我们应当学会控制自己的情绪，与其跟人生气，不如自己争气，好好地经营自己的人生。

人需要通过争气来证明自己

真正的强者在得失上可以心平气和，他们会把生气变成争气。人更需要通过争气来证明自己，而不是通过生气来否定他人。

美国著名心理学家詹姆斯认为："人并不是因为发愁才哭泣、生气才争

第三章 淡然处世——学会控制自己的情绪

吵、害怕才发抖,恰恰相反,人是因为哭泣才发愁、因为争吵才生气、因为发抖才害怕。"也就是说,在很大程度上,情绪是对身体变化的一种知觉,当外界刺激引起身体上的变化时,我们对这些变化的知觉就是情绪。无论是对学习还是对社会适应能力来说,情绪都扮演着非常重要的角色。

积极的情绪可以帮助增强人体的抵抗力,消极的情绪则会对身体造成一定的伤害。我国古代就有"内伤七情"之说法,认为当人的"喜、怒、忧、思、悲、恐、惊"7种情绪过度时,就会引发生理疾病。

弱者让思绪控制行为,强者让行为控制思绪。任何一个有理智的人都要让自己的行为控制思绪。每个人都有自己的尊严,不容他人侵犯。当被一些小肚鸡肠、斤斤计较的人轻视、攻击时,唯一能做的还击就是更好地证明自己、表现自己。如果我们自己足够优秀,别人还会对我们冷嘲热讽吗?因此,面对让自己生气的事情,最好的办法就是自己争气,去做得更好。当一个人不断地成长,实力不断增强,变得更加强大时,许多问题便会迎刃而解。所以,生气不如争气。

真正的强者在得失上可以心平气和,他们会把生气变成争气。人更需要通过争气来证明自己,而不是通过生气来否定他人。争气是对目标的追求和努力,而生气,往往是情绪的一种表现,伤己伤人,轻则瞪眼怒目,不欢而散,重则神昏身抖,蚀心伤身。

在工作中或生活中,每个人都希望被重视、被尊重,得到他人的喜欢,但这只是一种美好的心愿,每个人都难免被人嘲弄、侮辱和排挤,批评、误解、轻视,总让人气愤不已,生气就是这种情绪的自然流露。

人有七情六欲,难免会以物喜,以己悲,但忍一时海阔天空;人生起伏高低,难免有高潮低潮,争口气则时运济济。

很久以前,有一位年轻人,特别喜欢为一些琐碎的小事生气,例如,谁看不起自己了,明明是某某错了但就是不承认等。他也知道自己这样不好,便去求一位智者为自己解决心中的疑惑。

松开手，世界就在你手中

智者听了他的讲述，一言不发地把他领到一间屋子里，落锁而去。

年轻人觉得自己不明不白地被关，很气愤，跳脚大骂，骂了许久，智者也不理会。

年轻人又开始哀求，智者仍置若罔闻。

年轻人终于沉默了。智者来到门外，问他："你还生气吗？"

年轻人说："我只为我自己生气，我怎么会到这个地方来受这份罪。"

"你不为以前的事情生气，但还在为自己生气。连自己都不原谅的人怎么能心如止水？"智者拂袖而去。

过了一会儿，智者又来问他："还生气吗？"

"不生气了。"年轻人说。

"为什么？"

"气也没有办法呀。"

"你的气并未消逝，还压在心里，爆发后会更加剧烈。"智者又离开了。

智者第三次来到门前时，年轻人告诉他："我不生气了，因为不值得气。"

"还知道值得不值得，可见心中还有衡量，还是有气根。"智者道。当智者的身影迎着夕阳立在门外时，年轻人问智者："师傅，什么是气？"

智者微笑地打开了门。

为什么要气呢？气是别人吐出却接到口里的那种东西，我们吞下便会反胃，我们不看它时，它便会消散了。

在心理学家看来，生气是一种不良情绪。在消极心境的作用下，它会让人闷闷不乐，低沉阴郁，进而破坏人与人之间的相互关系，阻碍情感交流，引发内疚与沮丧。一味地生气会让我们失去自己的健康，也失去改变他人看法的机会。

经常性的情绪不佳会使人生理上失去平衡，免疫功能会随着情绪的波动而降低，甚至还有一些人会因一时发怒伤害自己的身体。这是生气给身体健

第三章 淡然处世——学会控制自己的情绪

康造成的危害。除此之外，生气还会给人的心理健康、人际交往带来坏的影响。容易生气只能证明一个人愚蠢，因为容易发怒是莽夫所为，也是无能的表现。

当一个人的内心被怒气与愤懑填充，充满不快和敌意时，往往会不顾一切地与对方大吵一通。发泄过后的唯一结果就是伤害，害了自己和对方。他人的批评和轻视等并不能证明自己是这样的人，与其生气不如先让自己冷静下来。

有一个男孩很任性，常常对别人发脾气。一天，他的父亲给了他一袋钉子，并告诉他："你每次发脾气时，就钉一颗钉子在后院的围墙上。"

第一天，这个男孩发了37次脾气，所以他钉下了37颗钉子，慢慢地，男孩发现控制自己的脾气比钉下一颗钉子要容易些，所以，他每天发脾气的次数就一点点地减少了。终于有一天，这个男孩一颗钉子也没钉，他已经能够控制自己的情绪，不再乱发脾气了。

父亲告诉他："从现在起，每次你忍住不发脾气的时候，就拔出一颗钉子。"过了许多天，男孩终于将围墙上所有的钉子都拔了出来。

父亲拉着他的手，来到后院的围墙前，说："孩子，你做得很好，但是现在看看这布满小洞的围墙吧，它再也不可能回复到以前的样子了，你生气时说的伤害别人的话，也会像钉子一样在别人心里留下伤口，不管你事后说了多少对不起，那些伤痕都会永远存在。"

说到不如做到，生气不如争气。一个人的行动是最有说服力的语言，争气是证明自己的最好方式。一个人步入社会，总会遇到各种各样的人，既会交到很多真诚善良的朋友，也会受到冤枉和一些人的精心算计，有时还会觉得非常委屈和难过，可是时间能够证明一切，要学会用行动来证明自己。

当有人无视我们的价值时，不要生气，不要难过，而是要更加努力，用行动证明他们的看法是错的。

学会用争气代替生气，是一种智慧，也是一种策略。生活中的每个人都

> 松开手，世界就在你手中

应该争气，而不是生气。争气可以让我们知道错在哪里，如何纠正；而生气，只会牢骚满腹，伤害自己，也于事无补。

心有欲则气生

> 气由心生，心有欲则气生。很多人生气都源于对现状的不满，心中有了欲念，快乐就会被生气所吞噬。

气由心生，心有欲则气生。很多人生气都源于对现状的不满，心中有了欲念，快乐就会被生气所吞噬。人与人之间产生摩擦，大部分都源于心中的欲念。比如夫妻之间生气，丈夫想要妻子更加贤惠，不但下得厨房，还要上得厅堂；而妻子却有望夫成龙之心，希望他更加有本事，给自己提供更加优越的生活。这些虽然都是鸡毛蒜皮的事，但是多少风花雪月都会淹没在柴米油盐当中，家里的硝烟往往都是这样引起的。

荀子认为："从人之欲，则势不能容，物不能赡也。"意思是说人的欲望是无穷无尽、无法满足的。当欲望无法满足时，就有了生气的理由。很多人都在感叹自己拥有的太少，其实，再大的地方又能如何，我们也只能睡一张床而已，再多好吃的，我们的胃也就那么大，拥有再多的钱，也终会死去……每个人都是一样的，赤条条地来，赤条条地去，最终都会化作一抔尘土。所以，不要给自己套上精神上的枷锁，保持一颗澄澈透明的心，就会发现生活的美好。

天使来到人间，准备帮助人们解脱痛苦。

一天，他遇见一个穷人，穷人哭诉着说："我现在的生活简直糟糕极了！

第三章 淡然处世——学会控制自己的情绪

我和我的妻子，还有我的儿子、儿媳、女儿、女婿共同生活在一个小房子里，在这狭隘的空间里处处隐藏着矛盾，我们常常会因为一些事情而争吵，我的家简直就是个地狱！在这样的环境里生活下去，我迟早会疯掉的。善良的天使，你救救我吧！"

天使微微一笑，说道："你的境遇是很糟糕，不过不用担心，只要你按照我说的去做，会很快改变你的现状。"

痛苦不堪的穷人仿佛抓住了救命稻草，高兴地说："只要我能摆脱痛苦，让我做什么我都愿意。"

"非常好，你现在就回家去把你的牲畜都带到你的房子里，然后和它们一起生活。"天使说。

听了天使的话，穷人虽然觉得不可思议，但还是按照天使所说的话做了。他把自己养的鸡、羊、牛都带到了屋子里，他相信境况会有所好转。

可是，刚生活了一天，可怜的穷人几乎要崩溃掉了。他找到天使哭喊道："天使啊，我按照你所说的将那些牲畜都赶进了屋里，可是，你让我的生活变得更加不幸。"

天使笑着说："你现在回去把那些鸡赶出你的房间，你的境况就会好转的。"

几乎疯掉的穷人赶紧回家把那些鸡赶出了屋子。一天之后，穷人又找到天使，他无力地乞求天使道："救救我吧，那两只山羊整天咩咩地乱叫，让我食不知味，睡不安寝……"

天使平静地说："你回家把那两只山羊牵回羊圈去，一切就会好的！"

穷人沮丧地回家把山羊牵到了羊圈。但是，两天之后，他又找到天使，懊恼地说道："天使啊，现在我的屋子简直就是个牛棚，粪便的味道充满整个屋子，我的生活简直变得像噩梦一般……"

天使心平气和地说："你说的没错。赶快回家，把那头牛牵到它应该待的牛棚去！"

> 松开手，世界就在你手中

　　第二天，穷人欢快地跑到天使跟前，兴高采烈地说："天哪，我把所有的动物都赶了出去，我的家是那样安静、那样宽敞、那样明亮、那样整洁，实在是一个令人愉快的家！感谢你把甜蜜的生活给了我。"

　　天使并没有改变穷人的生活，只是让穷人经历了一个更加糟糕的过程，然后再回到最初，但以前让穷人痛苦不堪的生活此时却让他感到甜蜜。这个故事看起来有点可笑，但却说明了一个道理：世界上原本不存在烦恼，人们看到的烦恼往往都是庸人自扰。

　　每个人都有过类似的经历，面对这些不如意，仿佛掉进了痛苦的深渊，那些令人烦恼的事情简直就是一波未平一波又来侵袭，而事实上事情根本没有那么严重，我们只是没有发现生活的美好而已。

　　人生的快乐与否，有时完全在自己，而不在物质的丰厚。自己快乐，生活就快乐。追求太多不必要的欲望不仅仅消耗着我们的时间与精力，还时刻剥夺着我们享受生活的快乐，不如将心放宽，让自己生活在一个快乐的世界里，我们会发现，心平气自和，无欲心自安！

火气过大会把理智烧光

　　哲学家康德说："生气，是拿别人的错误来惩罚自己。"所以，不要让自己去承受别人的错误，更不要自寻烦恼，如果火气过大，会把我们的理智烧光。

　　有一个渔夫正在河边捕鱼，就在这时，他发现一个哭泣的妇女要跳河寻死。

第三章 淡然处世——学会控制自己的情绪

于是他问妇女:"你为什么跳河?"

"我被丈夫遗弃了,我很生气,所以我不想活了。"妇女抽噎着回答。

"哦,你什么时候认识你丈夫的?"渔夫继续问道。

"我是3年前认识他的,我们刚结婚1年他就另觅新欢不要我了。"妇人越说越伤心,真的要去跳河了。

"你等等,"渔夫及时地制止了她,继续问道,"那3年前没有遇见他的时候你是怎么活的?没有他你就活不下去了吗?"

"3年前我没有认识他的时候,我生活得很好、很快乐。"妇女回答。

"是啊,3年前你可以活得很快乐,那么3年后的今天,没有他你也可以过得很好啊。抛弃你是他的错,你为什么要用别人的错误来惩罚自己呢?况且你就这样死了,他就会回心转意吗?即使他后悔了也于事无补啊!"渔夫劝解道。

"是啊,谢谢你让我明白了生命的可贵,如果不是你,我会被气愤冲昏头脑,再也看不见明天的朝阳了。"妇人终于笑了,轻松地离开了。

生活中的许多事情发生就发生了,无法改变,人们却总是因为一些根本无法改变的事实或错误而让自己的心灵承受巨大的折磨,就像故事中的女人一样,将所有的问题承担下来,在万念俱灰、几近崩溃中打算放弃生命,了结此生。这样消极的思想并不能让她的情况发生任何改变,她的丈夫也不可能因此而回心转意,试想一想,即使她的丈夫有所悔意,那个时候的她和他也已经生死两相隔了,一切还有什么意义呢?

哲学家康德说:"生气,是拿别人的错误来惩罚自己。"所以,不要让自己去承受别人的错误,更不要自寻烦恼,如果火气过大,会把我们的理智烧光。我们会在不知不觉中将事情的消极影响扩大,这一定不是我们希望得到的结果。所以,在生活中,千万不要为一些已经发生的错误而做出毫无意义的牺牲,那样只会在气愤、低落的情绪中让自己付出代价,抑或是使周围的人受到伤害,而不能让错误本身发生任何改变。生气的影响是十分消极的,

松开手，世界就在你手中

没有任何效用，还十分惹人生厌，是一种极其无聊的事情。

一天，刘明喝了一点儿酒，跌跌撞撞地从饭馆里出来，一下子撞在一位迎面走来的法师身上，不但将那位法师的眼镜撞落在地上，眼镜还戳青了法师的眼皮。有点儿醉意的刘明看了看法师，毫无愧疚的意思，反而理直气壮地喊道："谁让你走路不长眼睛，活该！"

对于刘明的无理，法师不予理会，微微一笑转身离去。

刘明既尴尬又感到异常疑惑，好奇地问道："喂，我把你的眼镜撞在地上摔坏了，弄伤了你的眼睛，还骂了你，你怎么不生气呢？"

"生气既不会使我这破碎的眼镜复原，又不能消除我脸上的淤青，解除我的痛苦，所以我没有生气的理由。如果我对你破口大骂或者与你动粗，不但不能把事情解决，还会进一步伤害我的身体，我是不会做这种得不偿失的事情的。"法师心平气和地说。

听完法师的话，刘明非常惭愧，问了法师的法号就离去了。

刘明本来是一个脾气十分暴躁的人，上学的时候不思进取，没有考上大学便在社会上混，由于脾气不好，常常和别人打架斗殴，工作也不顺心，于是常常自怨自艾。好不容易结了婚，原本以为可以收收性子，没有想到的是他不但不懂得珍惜夫妻之情，还常常拿妻子撒气，轻则破口大骂，重则拳脚相加。

有一天，刘明去上班的时候发现有一份公文落在家里了，于是他返回家去取，没想到的是刚到家门口就听到妻子与一名男子在家中说笑，他十分恼怒，冲进厨房拿起菜刀想杀掉妻子和那个男子。然而，当他举着菜刀冲过去的时候，那个男子惊慌地回头，眼镜跌落到地上，刹那间他想起了那个法师，也想起了法师所说的话，他不停地问自己："生气有用吗？生气并不能解决问题。"

就在他一遍遍地询问自己的过程中，他控制住了自己的情绪，冷静下来的他仔细地想了想："如果不是我冷落妻子，时常对她发火，就不会出现这样的情况，妻子这样做，责任全都在我自己身上。"于是，他不但没有鲁莽行事，反而懂得了如何善待妻子。

从那以后，他不但和妻子和睦相处，和同事之间的关系也有所改善，工作也得心应手了，事业上也有所成就。

面对这样的事情，大多数人都会忘记，生气并不能解决问题，不能像法师那样淡然置之，结果火气过大，把自己的理智烧光，从而在不知不觉中将事情的消极影响扩大，甚至就此酿成大祸。其实，大部分情绪是可以控制的，只要能够让自己冷静下来，找回自己的理智，就会发现，生气只是自己在寻找无谓的烦恼。

生活中我们也常常会遇到各种各样令人愤怒的挫折、逆境，不管怎样都需要平静下来想办法解决问题，要明白无论是怎样的情况，生气产生的都是消极的作用。因此，要尽量避免这种情绪发生，尽量怀着愉快的心情去面对生活中的不如意，我们就会发现事情往往没有那样糟糕，终有一天会柳暗花明。

不要为琐碎之事大动肝火

每个人都有喜怒哀乐，生气是正常的情绪反应，我们不可能让这种情绪消失不见，但是也不能为一些本不应该生气的琐碎之事而大动肝火。

在湖水的深处生长着一群肉质鲜美、骨刺较少的鱼。它们是水鸟最喜欢捕食的美餐，为了避免成为水鸟的盘中餐，狡猾的鱼儿从不跳出湖面。

一天，鱼儿们又在水的深处游玩，一条鱼不小心撞在了暗礁之上，这条

松开手，世界就在你手中

鱼顿时感到头晕目眩，昏了过去。醒来后，它看到同伴们正在笑自己，异常恼怒的它不停地绕着那个暗礁打转，抱怨水流太急，抱怨暗礁太密。

没过多久，它的肚皮就被气得圆鼓鼓的，不知不觉间它就飘到了水面上，它没有察觉到自己的危险，依然牢骚满腹地在水面徘徊。这时，一只水鸟从湖面飞过，发现了生气的鱼儿，无可避免地，这条鱼成了水鸟的美餐。

故事中的鱼儿放大了事情的严重性，同伴的笑并没有什么恶意，它却耿耿于怀地将这件事无限放大，最终丢掉了自己的性命。生活中的很多人也是这样，觉得别人的一颦一笑似乎都是在向他挑衅，于是挖空心思地去分析那些，到最后却发现自己为根本不存在的事情偏执地生了很久的气，浪费了不必要的精力。

每个人都有喜怒哀乐，生气是正常的情绪反应，我们不可能让这种情绪消失不见，但是也不能为一些本不应该生气的琐碎之事而大动肝火，这样的行为不但在他人的眼里是极其愚蠢的，当自己冷静下来也会觉得可笑。生活中有些东西是可以忽略掉的，生气的时候要记得给自己一个合理的理由。

连续忙了几个月，这个周末，苏珊终于可以歇息一下了。早上起床的时候她本想打个电话问候一下自己的闺蜜罗斯，可是她两个调皮的孩子总是在身边不停地动来动去，或者拽着她的衣角，或者问她一些问题，把她弄得心烦意乱，烦躁的她终于忍不住向孩子大喊一声，然后粗暴地挂上电话，抓过孩子就是一顿打骂，孩子不知道自己犯了什么错，只好不停地抽泣。

苏珊的大好心情也因此被破坏了，倒牛奶的时候不小心烫到了自己，心里不停地嘀咕："都怪这两个淘气的孩子。"洗碗的时候心不在焉，打碎了一只杯子，虽然不值几个钱，但是苏珊十分恼火，认为都是因为两个孩子的吵闹使她的心情变得十分糟糕。事情还不止这样，洗衣服的时候，苏珊发现她心爱的衬衫上面那颗漂亮的扣子居然出现了一道裂痕，她简直要气疯了，就这样，她几乎一天都没有什么好心情，带着火气擦地、整理衣物，时不时教训着两个孩子，就这样，她的周末过去了一天。晚上的时候，丈夫回来了，

第三章 淡然处世——学会控制自己的情绪

她没有心情说一句话,打了个电话约了朋友罗斯就摔门而去,刚回家的丈夫被她奇怪的举动弄得一头雾水。

苏珊见到罗斯,立即开始诉苦,不断抱怨这一天发生的事情,一边说一边生着气,不断重复着那句:"都是这两个捣蛋鬼,弄得我一整天心情都非常糟糕。"罗斯微笑着听完她讲述的一切,说道:"孩子有什么错呢?不高兴的事情都是你自己造成的,更何况那是多么微不足道的一件事情啊!你为什么把自己弄得一整天不高兴呢?"

苏珊这才反应过来,孩子还小,缠着大人是常事,为什么自己今天的表现如此糟糕,自己竟然为了早上的一件小事情而不愉快了一整天。

我们是不是也有过这样的经历,在我们愤愤不平地向好友抱怨某个同事怎样对自己另眼看待、向父母抱怨爱人有多么不理解人之时,却得到这样的回应:"这都是小事情呀。"其实,生活中根本就没有那么多的烦心事,而是我们将一件本来无足轻重的小事一而再、再而三地放大,最终为自己套上精神枷锁,不但将自己弄得疲惫不堪,还影响到身边人的情绪,长此以往,我们会发现令我们生气的事情越来越多,而我们的朋友却越来越少。

生气就像滚雪球一样,一开始只是一个小小的雪团,只要我们拿着这个小雪团在地上不停地滚动,小雪团就会越变越大。所以,如果我们不断地将不快的情绪翻来覆去地强化,最后我们会越来越生气、越来越恼怒,甚至把事情弄到不可收拾的局面。

虽然都是些不值得一提的小事,却会弄坏我们的心情,受这种烦躁不安的情绪引导,我们就会感觉任何东西都不顺眼,从而将自己变成情绪的奴隶。所以不要太过于纠缠那些微不足道的小事情,使自己困在情绪的旋涡中,那不仅会令我们的生活不愉悦,更会让我们失去体会快乐的机会,困在烦恼中无法自拔,这样的结果是可悲的。

花开一季,草木一春,人的一生是很短暂的。人生有许多值得我们去努力追寻或是认真体会的事情,每个人都应当将这些事情放在自己的人生计划

> 松开手，世界就在你手中

当中，而不应在那些琐碎的小事上浪费自己的时间和精力，这样才能让自己的人生了无遗憾。

冲动是魔鬼

冲动是思想上的"魔"，冲动做事就会走火入魔，给自己和别人带来极大的损失和痛苦，甚至改变一个人、一个国家的命运。

久战沙场的将军终于厌倦了战争，于是想拜宗杲禅师为师，出家修行，他诚恳地对宗杲禅师说道："慈悲为怀的禅师，我已经厌倦尘世，心无旁骛地一心向佛，请收留我做您的弟子吧！"

"你六根未净，还不能出家，以后再说吧！"宗杲禅师回答说。

"禅师！我什么都能放下，包括妻子、儿女和家庭，难道这样六根还未净吗？请您即刻为我剃度吧！"将军恳求道。

"明天再说吧！"宗杲禅师还是没有立即答应将军的请求。

这天，将军一夜未眠，天刚微亮就来到寺里礼佛，宗杲禅师一见到他便说："将军为什么起得这么早就来拜佛呢？"

"为除心头火，起早礼师尊。"将军用禅语说道。

"起得那么早，不怕妻偷人？"禅师开玩笑地也用偈语回道。

听了禅师的话，将军顿时火冒三丈，大声骂道："你这老怪物，讲话太伤人了！"

面对将军的谩骂，宗杲禅师哈哈一笑道："轻轻一扇，心火又燃烧，如此暴躁气，怎算放得下？"

第三章 淡然处世——学会控制自己的情绪

人生最难的是放下,在尘世间生活了这么久的凡人,染上了数不清的坏习性,是不可能说放下就放下的。所谓"江山易改,本性难移",喜怒哀乐是人最本质的东西,要做到淡然处世并不是一朝一夕的事情。就像这个将军,他嘴里说可以放下自己的妻子儿女,但是却被禅师轻轻一激就显露了内心的牵挂。

俗语有云:"人逢喜事精神爽,闷上心来瞌睡多。"人是一种善变的动物,喜怒哀乐变化无常,但是遇见开心的事也不要高兴过头,物极必反,乐极会生悲;遇到不高兴的事也不要随便发火,更不要在冲动之下做任何决定,因为冲动是魔鬼,一旦受了它的控制,你就会不由自主地做出错误的决定。

冲动是思想上的"魔",冲动做事就会走火入魔,给自己和别人带来极大的损失和痛苦,甚至改变一个人、一个国家的命运。历史上不乏这样的例子,比如有名的夷陵之战。

刘备为报东吴夺荆州、杀关羽之仇,不听群臣的劝谏,执意发兵数十万讨伐东吴,孙权派陆逊率5万兵马抵抗。陆逊采取避其锋芒、以逸待劳的战略,利用蜀军在山林中扎寨的弱点。使用火攻,连破蜀军40余营。刘备全军覆没,只身仓皇逃往白帝城,不久病死。此次大败令蜀汉元气大伤。刘备由于一时的冲动,造成了惨败的结局,历史的教训值得深思。

在现实生活中,我们经常会听到"冲动是魔鬼"这句话。然而,又有多少人能真正理解它的内涵,把它作为自己的人生信条呢?当然,人并非不食人间烟火的冷血动物,喜怒哀乐是人的天性使然。正因为人有着丰富的感情,人与人之间、人与社会之间才能形成一种和谐的氛围。但是,容易冲动却绝非一种好的品质。冲动不但会对别人造成难以弥补的伤害,还会让自己追悔莫及。

猎人上山打猎,无奈一直没有收获。连续走了几个小时之后,猎人所带的水已经喝完,他感觉越来越口渴,却一直没发现水源。当他走到一个山谷时,看到有水滴从上面落下来,猎人连忙从皮袋里取出杯子,耐着性子用杯

松开手，世界就在你手中

子一滴一滴地接落下来的水。终于，水接到了七八分满，就在他准备一饮而尽的时候，一股急风把杯子从他手里打了下来。

猎人心急怒起，抬头却看见自己的爱鹰在上空盘旋。他有点生气，可对鹰又无可奈何，于是他只好重新拾起杯，继续接水。当水滴到七八分满时，鹰又把水弄翻了。猎人怒到极点，生了报复之心，想整治一下老鹰。

猎人一声不响地捡起水杯接水，当水滴到七八分满时，他悄悄取出匕首，夹在掌心，然后把杯子慢慢往嘴边移近。老鹰又向他飞来，猎人迅速拿出匕首，杀死了老鹰。由于他的注意力集中在杀死老鹰而忽略了手中的杯子，因此杯子掉进了山谷里。

猎人心想，既然水是从山上滴下来的，也许上面有蓄水的地方。于是，猎人忍住口渴，用尽力气往山上爬。终于，他到达了山顶，并看到了一个蓄水的池塘。猎人连忙弯下身子，想喝个饱，却突然发现池塘边有一条大毒蛇的尸体。这时，猎人才恍悟，原来老鹰几次打翻水杯，是担心他喝下受蛇毒污染的池水而被毒死。

猎人非常自责，他发誓以后绝不在生气时做决定。

怒气如同一颗炸弹，在生气时做出任何决定，都可能失去理性，给自己造成损失。如果猎人能够多一点耐心，少一点怒气，他就不会用匕首杀死那只救了自己性命的老鹰。可惜，人生不会重来，自己做错的事还要由自己来承担。这个故事启示我们，在生活中一定要少生气，尽量不生气，好好爱惜自己；永远不要在生气时做决定，让人生之路少一些遗憾。

误会，往往是人在不了解事情真相、缺乏理智、缺乏耐心、不经思考、感情极为冲动之下所发生的，其后果便是伤人伤己。

冲动是一种理智的迷失，是为人处世的大敌。人在一生当中，个人利益经常会受到他人有意或无意的侵害，如果我们抑制不住冲动和鲁莽，动不动就发怒、大动干戈，我们将永远生活在无尽的烦恼和悔恨之中。

遇事"三思而后行"是治疗冲动最好的良方。学会自警自戒、善于控制冲动，是一种心态的调整、性格的修养、精神的净化。自觉地培养和锻炼自己的意志力和控制力，形成良好的心理素质，是我们成就事业的前提，享受健康、快乐、幸福人生的基石。

笑对暴风骤雨，心灵永远是一片晴空

我们的生气无关他人，造成我们生气的根本原因是我们自己。生活中有晴天也有雨天，微笑地面对暴风骤雨，我们的心灵才会永远保持一片晴空。

禅师对兰花十分钟爱，弘法讲经之余，他精心培植了许多兰花，花费了很多时间和心血。

禅师准备外出云游，临行前叮嘱弟子们好好照料那些兰花，弟子们答应了。接下来的日子里，他们也像师父一样悉心照料这些花儿。

有一天，一位弟子在给兰花浇水的时候不小心将整个兰花架子碰倒了，架子上所有的花盆都摔碎了，兰花也被摔得支离破碎，弟子惊慌失措。

禅师回来后听说了事情的经过，并没有责怪弟子。弟子疑惑不解，好奇地问禅师："我将师父如此钟爱的兰花摔坏了，师父为何不生气呢？"

禅师微笑着回答道："生气，并不是我种兰花的初衷，并且生气也不能让我的兰花复活，我生气也没有什么用啊。"

禅师无疑是一个智者，即使对兰花如此钟爱，他也没有因失去兰花而生气，因为他十分清楚自己生气也于事无补，所以不去做那些无谓的事情。同样，我们在生活中也应当像禅师一样，不因兰花得失而影响心中喜怒，要学会在烦恼中开辟出一条安静的路，找到人生当中另一番祥和。

松开手，世界就在你手中

人之所以会生气，都是源于一种习惯性思维，固执地认为一切错误都在他人身上，自己没有任何问题。然而事实上，我们的生气无关他人，造成我们生气的根本原因是我们自己。生活中有晴天也有雨天，微笑地面对暴风骤雨，我们的心灵才会永远保持一片晴空。在自己即将生气的时候坐下来，深呼吸，保持微笑，试着安抚自己，我们会发现心平气和地寻找解决问题的办法比生气要好得多。

早上，安华要去上班，看见窗外正下着雨。以前上班都是妻子送他出门的，下雨的时候也是妻子将雨伞递到他手上，可是，这次妻子回娘家了，安华只好自己去找伞。安华不知道雨伞放在何处，东翻西找了一会儿还是不见踪影，于是他渐渐失去了耐心，一边找，一边骂，并且不断地抱怨妻子什么东西都乱放，最后终于忍不住拨通了妻子的电话。

电话刚接通，还没等妻子说话，他就大发雷霆地说："你到底把雨伞藏到什么地方了？我找了好久都没有找到，这可好，找了一会儿雨伞，上班准迟到。你又不上班，平时就不知道收拾收拾，什么东西都乱放。"

安华的妻子本来看见安华的来电很是开心，没有想到自己会挨一顿骂，心里既委屈又难过，于是不高兴地说道："伞一直放在阳台上的壁橱里，10年都没有变过，你自己不操心家里的事还对我大吼大叫。"说完就"啪"的一声把电话挂掉了。

安华的妻子本来打算提前回家，因为这件事，她又在娘家住了下去，安华只好继续过着吃泡面的日子。

生气地将东西乱翻，并不能让安华快速地找到雨伞，冲妻子发火，雨伞也不会主动来到他的手上，相反，大动肝火只会将事情弄得更加糟糕。安华明白这个道理，却让气愤蒙蔽了内心。试想一想，如果安华在找雨伞的时候能够控制自己的情绪，好好想想以前妻子在雨天送自己出门的时候从家里的什么地方拿出雨伞，心平气和地去那些地方寻找，也许他会很快将雨伞找到，即使他找不到，当他拨通电话的时候温柔地询问妻子，他也能很快解决问题，然后轻松愉快地去上班。

生活中的我们常常会因为一些小事而耿耿于怀。譬如去饭店吃饭，肚子饿得咕咕叫也不见服务员把饭菜端上来，有人很恼火开始不停地抱怨，气急败坏，甚至向服务员大声喊叫。其实，理智地想一想，即使有再大的怨气，对方还是会按部就班地工作，而不会让厨师先为我们炒菜，与其这样，还不如保持自己的风度，留下体力，安静地等待饭菜的到来；有人穿上刚买的新鞋去上班，却在公车上被人踩了一脚，生气地大声谩骂对方，对方也不会因此弯下腰擦干净或者是赔一双新鞋子给自己，所以，还不如在对方说完"对不起"之后，微笑着回应对方一句"没关系"，下车之后自己将鞋子擦干净，就会发现这一脚并没有夺去鞋子的美丽。

有时候我们会发现，生活中的不如意就像不小心沾上的一粒尘埃，我们只需要掸掉它就好，不必花费力气去洗整件衣裳；遇到让我们不愉快的人和事，不要把它们当成不可原谅的过失，努力让自己冷静下来，时刻记住生气给我们带来的只是痛苦，而非欢乐，我们就会淡然地把这一切当作生命中的小插曲，对它们给我们带来的影响一笑置之。

被情绪所控就会变得愚蠢

真正的英雄不会为一时之气而放弃自己的人生大计，他们会锁定自己的目标，不为那些小插曲所打动，心无旁骛地到达成功的彼岸。

池塘里住着一只乌龟，天气大旱，两只大雁经常来池塘喝水，于是它们成了很好的朋友。后来池塘干涸了，乌龟没有办法，只好决定搬家。两只大

松开手，世界就在你手中

雁建议它和它们一起去南方生活，乌龟答应了。

于是两只大雁各衔树枝一端，让乌龟咬着中间，并再三叮咛乌龟在起飞之后不要再说话，然后就带着乌龟起飞了。

它们路过一个村庄，有一群小孩看见了这个有趣的组合，于是都拍着手，大笑着说："大家快看呀，那只乌龟真是太滑稽了！"面对孩子们的嘲笑，乌龟勃然大怒，忍不住想开口大骂，结果它刚一张口，就从空中跌落下来，摔在一块大石头上，一命呜呼了！

佛说："生死呼吸之间，一口气转不过来，即成来世。"每个人都是从降生的那一刻起，就在与死亡做一生的搏斗，生与死只有一线之隔，很多时候生命烛光的熄灭容易得就像踩死一只蚂蚁。就像乌龟，忍受不了别人的嘲讽，因一时之气而失去了生命，这是极其愚蠢的事情。

每个人生活在这个世界上都不是单一的个体，在这个社会上生存，就必须面对不同的人际关系，遇见形形色色的人，不是每个人都可以和我们一见如故。嘲讽是生活中永恒不变的话题，没有人能一生不遭遇别人的讥笑，有些人一辈子被讥笑淹没，自暴自弃；而有些人则因讥笑而奋发，成就一番功名，后者才是人生的强者。韩信曾受胯下之辱，苏秦也因穷困潦倒而被亲友讥笑，但是他们最后都选择了忍耐，用行动证明了自己的价值。所以，面对别人不友善的挑衅和嘲讽，我们应该明确自己的生存价值，认清自己要走的路，不要太在乎别人的看法，只有这样，才能笑看人生百态，用淡然的心态去积极进取。

身为"万物之灵"的人类常犯那只傻乌龟所犯的过错，为一件小事而大动肝火，甚至丢掉自己性命的人大有人在，而从来没有动过气的人少之又少。然而，生气又有什么用呢？无非是自己跟自己过不去，自己跟自己较劲，就好比左右手互搏，赢了又能怎样？最后受伤的还不是自己？真正的英雄不会争一时之气，他们懂得如何面对百味人生，正如勾践的"卧薪尝胆"被后人当作忍辱负重的楷模，而项羽的"无颜见江东父老"则被视为英雄末路的哀

第三章 淡然处世——学会控制自己的情绪

叹，难免让人有英雄气短的遗憾。

1965 年 9 月 7 日，在美国纽约举行的世界台球冠军争夺赛中，发生了一件很不可思议但又千真万确的事情，一位有望夺冠的选手被一只苍蝇打败了。

那天，比赛的时候，选手路易斯·福克斯势不可挡，一路领先，只要发挥正常水平再得几分，冠军宝座就非他莫属了，因此他十分得意。

然而，正在他全力以赴争夺冠军的时候，却发生了一个小小的插曲，一只苍蝇落在了主球上。于是他挥手将苍蝇赶走，苍蝇却十分钟爱这个主球，当福克斯打算俯身击球的时候，那只苍蝇又飞回来，观众席上传出一片笑声。福克斯感觉非常尴尬，似乎觉得所有的人都在欣赏自己的窘态，于是在观众的笑声中再一次驱赶苍蝇，但是这只执着的苍蝇总是在福克斯准备击球的时候又飞回到主球上，好像故意跟福克斯作对似的，让在场的观众大笑不止。

福克斯气得脖子上的青筋外露，忍无可忍的他愤怒到了极点，终于失去了理智，用球杆驱赶苍蝇。很不幸的是球杆碰到了主球，裁判判他击球，也就是说，福克斯因为这只苍蝇失去了一轮机会。一时之间，福克斯方寸大乱，连连失利，使比赛情况在顷刻间发生逆转，他的对手愈战愈勇，很快就赶超了福克斯，最后夺走了本来属于福克斯的桂冠。而更加令人痛心的是，羞愤难当的福克斯忍受不了这样的失败投河自尽了，人们发现他的尸体时无限惋惜。

人只要被情绪控制就会变得很愚蠢，是苍蝇打败了世界冠军吗？当然不是，真正击倒福克斯的是他那颗愤怒的心。苍蝇在主球上根本就不会对他产生任何不利的影响，如果他能忽略这只苍蝇，他就能够轻松地登上世界台球冠军的宝座，享受属于他的鲜花和掌声。但是，他不但因为这只苍蝇而生气，还为此在大好年华里把自己的生命付之流水，非常不值，徒留谈资给后人。

要知道，生活中的"苍蝇"无处不在，如果我们总是为它耿耿于怀，将精力放在那些原本不能阻碍我们前进的事情上，并且过分夸大它们对我们的影响，盯住芝麻而放弃西瓜，那么，我们只会步福克斯的后尘。

松开手，世界就在你手中

有了前车之鉴，人们应当学会克制自己的情绪，把生活中的种种不利因素变成对自己有利的因素，或者让那些不利因素变得没有任何意义，这才是能操纵命运的强者。真正的英雄不会为一时之气而放弃自己的人生大计，他们会锁定自己的目标，不为那些小插曲所打动，心无旁骛地到达成功的彼岸，让自己的生命开出永不衰败的花朵。

第四章
随遇而安——冷眼看尽世间繁华

> 面对已经失去的，我们能做的，就是坦然接受。因为，即使我们暴躁地摔东西、指责上天的不公，那也于事无补，伤痕并不能自动愈合。但是，我们的快乐、幸福，并不会因为伤痕而消失，只要我们愿意，我们随时可以发现，它们就在身边。别人怎么看自己不重要，重要的是自己敢于接受曾经的痛苦，这样我们才能重新找到快乐，甚至扭转别人对我们的看法。

第四章 随遇而安——冷眼看尽世间繁华

以平常心面对人生得失

面对得失，我们要淡然视之，因为失去的永远不会再回来，得到的也不可能永远是自己的，轻松快乐地生活，努力地为事业奋斗，何乐而不为呢？

靠近边塞的地方，住着一位老翁。

有一次，老翁家的一匹马无缘无故挣脱羁绊，跑入胡人居住的地方去了。邻居都来安慰他，他平静地说："这件事难道不是福吗？"几个月后，那匹丢失的马突然又跑回家来了，还领来了一匹胡人的骏马。邻居们得知，都前来向他表示祝贺。老翁无动于衷，坦然道："这样的事，难道不是祸吗？"

老翁家畜养了许多良马，他的儿子生性好武，喜欢骑术。有一天，他儿子骑着烈马到野外练习骑射，烈马脱缰，使他儿子摔断了腿。邻居们听说后，纷纷前来慰问。老翁不动声色，淡然道："这件事难道不是福吗？"

又过了一年，胡人侵犯边境，大举入塞。四乡八邻的精壮男子都被征召入伍，死伤不可胜计。唯独老翁的儿子因跛脚残疾，没被征去打仗，因而得以保全性命。

面对得失，我们要淡然视之，因为失去的永远不会再回来，得到的也不可能永远是自己的，轻松快乐地生活，努力地为事业奋斗，何乐而不为呢？

然而，生活中的人们却背负着太多的包袱，金钱、地位等东西压得人们喘不过气来，得到的怕失去，没得到的想得到，从而使自己成为名和利的奴

松开手，世界就在你手中

隶，永远无法快乐。人生是复杂的，它有时出人意料又往往峰回路转，有时却又很简单，甚至简单到只是在做一道选择题，取得或者放弃。应该得到的我们完全可以理直气壮地去取得，不该取得的则应当毅然放弃，抱着这样的心境，我们会发现这道题会变得很简单。但是，生活中的我们却是坦然地取得，纠结地放弃，这就是造成我们痛苦的根源。

威尔逊在第二次世界大战时期是一位军官，在一次战争中左腿受了伤，留下了残疾。不过万幸的是，他依然能够独立行走，同时还能够享受他最喜欢的运动——游泳。

当威尔逊回到美国后，经过一番治疗，他和妻子来到了夏威夷度假。做过简单的冲浪运动以后，威尔逊在沙滩上享受日光浴，庆幸自己还有享受生活的权利。

然而没过一会儿，威尔逊发现，周围的人似乎都在打量他，还不时地窃窃私语。威尔逊这才意识到自己满是伤痕的左腿，它太惹人注意了。

"你看那个人的腿，好像月球表面一样坑坑洼洼！真可怕！"一个人对他的同伴说。

威尔逊听了心里很不是滋味。第二天，妻子要与他再去海滩，这时，威尔逊固执地推辞了。

"我宁愿留在家里，也不想再去海滩！"他说。

"威尔逊，我明白你不去海滩的原因是什么。你开始对你腿上的疤痕产生错觉了。"妻子沉默了许久之后说。

威尔逊点了点头，说："是的，我承认。"

妻子走到他的身边，安慰道："威尔逊，别人怎么看那是他们的事情，可是你要懂得，这些伤痕正是你勇气的徽章。你在战场上浴血奋战，光荣地赢得了这些疤痕。所以，你不要想办法把它们隐藏起来，你要记住你是怎样得到它们的。你更应该明白，你是国家的英雄，连总统都不介意你的伤，你为什么自己这么纠结？骄傲地带着它们，现在走吧，我们一起去游泳。"

第四章 随遇而安——冷眼看尽世间繁华

听着妻子的话,威尔逊险些落下了眼泪,他想起了战场上的那些日子,想起了阵亡的战友。顿时,他觉得自己坦然了许多,一扫心里的阴影,跟妻子一起又去了海边,快乐地享受着温暖的阳光。

面对已经失去的,我们能做的,就是坦然接受。因为,即使我们暴躁地摔东西、指责上天的不公,那也于事无补,伤痕并不能自动愈合。但是,我们的快乐、幸福,却并不会因为伤痕而消失,只要我们愿意,我们随时可以发现,它们就在身边。别人怎么看自己不重要,重要的是自己敢于接受曾经的痛苦,这样我们才能重新找到快乐,甚至扭转别人对我们的看法。

如果我们真的难于走出困境,无法承受那份巨大的心理压力,那么不妨求助于朋友或心理医生。失意的时候,人最需要的就是开导。朋友、家人和医生温馨的话语,会让我们平复心海浊浪,淡化我们失意的烦恼。不过,别人的开导只是辅助的,真正达到心平气和还需要我们进行自我调整。最重要的还是要坦诚面对伤痕,敢于接受曾经的伤痛,这样,生活的阳光才能照进心田。

每个人在一生中不免会遇到伤害,有的是心灵上的,有的则是身体上的。有的伤害,也许随着时间的流逝,能够一点点痊愈;然而有的伤害,却将会伴随我们终生。正因为如此,有的人会陷于悲伤之中,长久不能走出阴影。持续地失落,只能让自己的生活更加低迷,同时,那些被伤害的地方,也不会因此而痊愈。所以,面对伤痕,我们必须坦然,这样的人生才是精彩的人生。不要为所失去的而哭泣,不要过分计较人生的得与失,这样的人生才是充实的人生、快乐的人生。

人有悲欢离合,月有阴晴圆缺。生活是一个大舞台,演绎着我们的悲喜人生,有欢乐也有痛苦,有得到也有失去,当我们快乐的时候,不要得意忘形,快乐也许会在下一秒就消失;当我们痛苦的时候,不要低迷消沉,我们要相信明天很快就会来临。痛苦或者快乐,完全蕴含于眼界的宽窄。以平常心去生活,时刻保持一份坦然的心境,这就是人生的智慧,也是我们获得简单幸福应有的心境。

随缘自适,烦恼即去

拥有一份随遇而安之心,我们就会发现,天空中无论是阴云密布,还是阳光灿烂,生活的道路无论是坎坷还是畅达,心中总是会拥有一份平静和恬淡。

逆境中,"随缘自适,烦恼即去"。随遇而安是一种进取,是智者的行为,愚者的借口。何为随?随不是跟随,是顺其自然,不怨恨,不躁进,不过度,不强求;随不是随便,是把握机缘,不悲观,不刻板,不慌乱,不忘形;随是一种达观,是一种洒脱,是一份人情的练达。"随遇"者,顺随境遇也,"安"者,一可理解为听天由命,安于现状;二可理解为心灵不为不如意之境遇所扰,无论于何种处境,均能保持一种平和安然的心态,并继续坚持自己的追求。前者之"安",或许可以称之为"消极处世",而后者之"安",则需要一种良好的心理调节能力,甚至需要一种超脱、豁达的胸襟,不是人人都能做到的。

"塞翁失马,焉知非福"这句饱含智慧的经典之言其实道出了一个生活智慧——随遇而安。日常生活中,不少人爱用"随遇而安"这个词来批评他人或自嘲,以至使其成了满足现状、不思进取的同义词,其实并非如此。

很多人执着在付出与回报的平衡关系上,付出就要有所回报,如果没有回报,那就不值得付出。这种态度正是强求心态的思想基础。"不值得"态度很容易使人们变得急功近利,从而扰乱了心灵的平静。

真正的随遇而安,不是一种消极的态度,而是一种理智的清醒。它所提

第四章 随遇而安——冷眼看尽世间繁华

倡的不是得过且过，而是尽人事听天命，生活中很多东西，不是以人力就可以得到、就可以改变的，比如容貌、机遇、感情。一个真正积极的人，不会执着于那些自己不能把握的东西，只要自己能够做到尽善尽美，就是一种胜利了，至于能不能最终获得回报，则不要放在心上。

有这样一棵仙人球，它曾待在一个漂亮的屋子里。后来，它被主人送给了一个朋友。

到了新环境的仙人球待在电脑旁边。但仙人球长得很慢，三四年过去了，仍然只有苹果大小，甚至还有些未老先衰的模样。

一天，主人买来一盆红、黄、绿搭配的植物，将仙人球置换下来，放在阳台不显眼的角落里。转眼间，又是几年过去，这家主人似乎忘了仙人球的存在。

有一天，主人在阳台晾衣服时无意中低头瞥了一下，看到了阳台角落里伸出一支长喇叭状的花朵，花形优美高雅，色泽纯白亮丽。

主人探下身去才发现，这朵美丽的花竟然是仙人球开出的。主人立即把花盆洗干净，将仙人球放到窗台上。面对这株花，主人心生愧意，仙人球从落户他家到开花，整整默默无闻了6年，但这6年的默默无闻换来了一朝的绚烂绽放。

从这个故事里，我们能读出一份坚持，无论环境怎么变化，仙人球都能生存，不因他人的冷漠而封闭自己。仙人球无论遭遇怎样的环境，都能开出漂亮的花，而我们要做的也是以一种随遇而安的心态去看待环境，坚守自己，也能在内心里开出一朵花。

随遇而安不是随便行事、因循苟且，而是随顺当前环境，从善如流。随遇而安是一种智慧的生活态度，它可以使人保持一颗平静的心，使人能够理性地去看待生活和工作中的得与失，随遇而安的人不从众，他们独立、自我，不会为迎合别人而委屈自己。他们乐观、自信，并且不急功近利。他们思维不偏激，行事不过头，既不置别人于死地，也不对自己苛求。他们全力投入

松开手，世界就在你手中

生活，但并不渴望生活回报自己更多，他们更多的是在做事情的过程中享受生活的充实和愉快，而不是在意生活会回报自己什么。

随遇而安的人不强迫自己。不强迫自己不是不思进取，不是止步不前，更不是拒绝接受挑战，而是有所选择，抛弃那些异想天开和不切实际，客观准确地衡量自己的能力，对于能做到的事情尽全力去完成，对于自己认为正确的意见认真接受，该放弃的就放弃，该争取的就去争取。

随遇而安，是对自己正确、清醒的认识，是对人生的彻悟，是"聚散离合本是缘"的达观，"得即高歌失即休"的超然，更是"一蓑烟雨任平生"的从容。拥有一份随遇而安之心，我们就会发现，天空中无论是阴云密布，还是阳光灿烂，生活的道路无论是坎坷还是畅达，心中总是会拥有一份平静和恬淡。

随遇而安离不开一颗宽容的心。要想使自己的生活更加和谐，使朋友之间的友情更加牢固，人们就要学会宽容别人，接受别人不同的看法、不同的观念，即使这些思想和观念确实存在着一些偏差，只要不影响大局，就不要强迫对方改变，要学会随遇而安的生活态度，对任何事情、任何人都不要过于勉强。

随遇而安，是一种胸怀，是一种成熟，是对自我的一种把握。凡事顺应境遇，不去强求，才能过上自由安乐的生活。这是一种顺应命运、随遇而安的人生态度。无论顺境还是逆境，人都应该保持一种乐观的生活态度。这样便能在风云变幻、艰难坎坷的生活中，收放自如、游刃有余，在逆境中寻找到前行的方向。

第四章 随遇而安——冷眼看尽世间繁华

得而不喜，失而不忧

用平静的心去面对人生的荣辱，得而不喜，失而不忧，只有这样才能为自己赢得一个广阔的心灵空间，在起起伏伏的生活中把握自我、超越自我。

一匹战马在战场上救了士兵的性命，士兵为了感激它，便为它换了一身新的马具，还在它的脖子上挂了一朵大红花，并带领它到马场上绕行一圈，让所有的马都向它行礼致敬。

这时候，一只小马充满敬意地说："你真了不起，获得了如此殊荣，真让人羡慕！"那匹战马听后并没有扬扬得意，而是淡淡地说："没什么好羡慕的，我不过是尽了自己的本分而已。"

两个月后，这匹战马在战场上受了重伤，由于无法医治，兽医决定把它送进屠宰场。在进屠宰场时，它又遇见了之前的那匹小马。这一次，小马幸灾乐祸地说："没想到曾经风光无限的你，如今却落得了这样的下场。你可真是有福气，一会儿到天堂，一会儿到地狱，这世间的各种滋味都被你尝尽了……"

面对小马的冷嘲热讽，受伤的战马依旧淡淡地说："没有什么可悲伤的，这条路早晚都要走，我只不过比你们早走一步罢了。"说完之后，它就平静地走进了屠宰场。

战马在立下战功之时，迎来了无比辉煌的时刻；而当它负伤无法医治时，又被无情地送进了屠宰场，生活显得悲惨万分。面对这一切，小马在一旁冷嘲热讽，而战马却始终保持着最初的那一份从容，得意的时候没有骄傲，失

松开手，世界就在你手中

意的时候也没有悲伤，这无不令人感动和敬畏。我们也该拥有这样一份淡然和从容的心境，用平静的心去面对人生的荣辱，得而不喜，失而不忧，只有这样才能为自己赢得一个广阔的心灵空间，在起起伏伏的生活中把握自我、超越自我。

"是非成败转头空，青山依旧在，几度夕阳红；古今多少事，都付笑谈中。"是非成败转头空，许多人的一生都在追逐名和利，其实，到头来得到的只是一抔黄土，所以，我们要保持一颗淡泊名利的平常心，随性生活才不枉此生。人生的最高境界，即为这种"平淡"。

一个人想做到坚韧不是难事，然而能够做到平淡的人却少之又少。不少曾经地位显赫的人，最终却落得身败名裂的下场，很大程度上都与不懂"平淡"有着直接的关系。所以，要想有一颗平静的心，我们就必须磨炼自己的意志，不为了一时的得失而兴奋或难过，顺其自然地享受人生。

一位自称是诗歌爱好者的乡下小伙子特意登门拜访年事已高的爱默生，说自己从小就开始诗歌创作，只因地处偏远，一直未曾得到大师的指点。

爱默生看到这位青年虽然出身贫寒，却谈吐优雅、气度不凡，便热情地招待了他。老少两位诗人谈得非常融洽，其间青年把自己的几页诗稿递给爱默生。看后，爱默生认定这位乡下小伙子在文学上将会大有作为，决定凭借自己在文学界的影响而大力提携他。

爱默生将那些诗稿推荐给文学刊物，并希望小伙子能继续将作品寄给他。于是，老少两位诗人开始了频繁的书信来往。

青年诗人的信一写就长达几页，大谈文学，辞藻华丽、激情洋溢。这让爱默生对他的才华大为赞赏，在与友人的交谈中经常提起这位青年。青年诗人很快就在文坛中有了一点名气。

但此后，这位青年再也没有给爱默生寄来诗稿，而信却越写越长。奇思异想层出不穷，言语中开始以著名诗人自居，语气也越来越傲慢。爱默生开始感到了不安，凭着对人性的深刻洞察，他发现这位年轻人身上出现了一种

第四章 随遇而安——冷眼看尽世间繁华

危险的倾向。通信一直在继续,但爱默生的态度逐渐变得冷淡,转变成了一个倾听者。

后来,在一次秋天的文学聚会上,老少两位诗人又一次相遇了。爱默生询问年轻人为何不再寄诗稿了。

"我在写一部长篇史诗。"青年诗人自信地答道。

"你的抒情诗写得很出色,为什么要中断呢?"

"要成为一个大诗人就必须写长篇史诗,小打小闹是毫无意义的。"

爱默生说:"你认为你以前的那些作品都是小打小闹吗?"

青年诗人回答说:"是的,我是个大诗人,我必须写大作品。"

至此,爱默生有些惋惜,又有些无奈,只说了一句:"我希望能尽早读到你的大作。"

青年诗人完全没有听出爱默生的无奈,而是很骄傲地说:"谢谢,我已经完成了一部,很快就会公之于世。"

在那次文学聚会上,这位被爱默生所欣赏的青年诗人大出风头。他逢人便侃侃而谈、锋芒逼人。虽然谁也没有拜读过他所谓的大作品,但几乎每个人都认为这位年轻人必成大器,否则,他怎么会得到大作家爱默生如此的赏识呢?

但在那年的初冬,爱默生收到了这个青年诗人的最后一封信,他承认了之前畅想的所谓大作品完全就是子虚乌有之事。他在信中写道:"很久以来,我一直都渴望成为一个大作家,周围所有的人也都认为我是一个有才华、有前途的人,当然我自己也一度是这么认为的。我曾经写过一些诗,并有幸获得了阁下您的赞赏,我深感荣幸。使我深感苦恼的是,自此以后,我再也写不出任何东西了。不知为什么,每当面对稿纸时,我的脑中便一片空白。我认为自己是个大诗人,必须写出大作品。在想象中,我感觉自己和历史上的大诗人是并驾齐驱的,包括尊贵的阁下您。在现实中,我对自己深感鄙弃,因为我浪费了自己的才华,再也写不出作品了。"

松开手，世界就在你手中

从那以后，爱默生就再也没有得到过这位青年的任何消息。

青年诗人为了满足虚荣心，一味地苦苦追求大诗人的头衔，却又不想脚踏实地地付诸努力，终究一事无成。可见，虚名只是一种无畏的追逐，它不但不可能把我们向成功的道路上指引，反而会让我们堕入歧途。

明朝还初道人洪应明编著的《菜根谭》之中说："此身常放在闲处，荣辱得失谁能差遣我；此心常安在静中，是非利害谁能瞒昧我。"它的意思是说：经常把自己的身心放在安闲的环境中，世间所有的荣华富贵和成败得失都无法左右我；经常把自己的身心放在安宁的环境中，人间的功名利禄和是是非非就不能欺骗蒙蔽我。淡泊名利，是古往今来许多文人雅士所崇尚的，不为过去的得失而后悔，不为现在的落魄而烦恼，也不为未来的不幸而忧愁。甩开名利的束缚和羁绊，做一个本色的自我，不为外物所拘，不因进退或喜或悲，待人接物豁然达观，不为俗世所困扰。

诚然，几乎没有人不喜欢听好话、被颂扬。那种如沐春风的幻觉让我们越来越不切实际地希望自己被拍成电影，画成油画，写进书里，裱在先进典型的框里，千古流芳。但是，浮生一梦，须臾而逝；我们只不过是"沧海一粟"的过客。每个人离去的时候，生前与身后的名声都将随即飘落。

每每想到居里夫人将英国皇家学会奖章作为玩具拿给孩子时，都不免感慨。她在面对法国授予的骑士十字勋章时，毅然谢绝道："我不要这块小铜牌，我只需要一个实验室。"的确，名誉就像是玩具，只是供我们一时消遣之娱乐。所有的虚名都无法替代求真务实的拥有。

不要再等"虚名白尽人头"的时候才痛心于那些光环、泡沫的破碎。悠长岁月，纵有凡俗琐事，纵有劳碌奔波，也都应保持一颗淡然之心，简简单单地直面所有的来临和结束，闲看庭前，漫观天外，看淡虚名，一些更实在的东西才能被我们把握。

第四章 随遇而安——冷眼看尽世间繁华

没有杂草的心灵才会纯净而美丽

一个澄澈美丽的心灵世界里只有美好的、坦诚的、善良的东西，在那里我们看到的是一种叫作真、善、美的花，只要我们能够用心去浇灌，它就能结出美丽的果实。

一个人终日唉声叹气、郁郁寡欢。神看他可怜，便决定给他一些帮助。神问："你把心事说出来，或许我能够帮助你。这样，你就不用每天愁眉苦脸了。"

不快乐的人并不知道站在他面前的人是神，他悲伤地说道："我听说这个世界上有两种罕见的宝石，我一直都很想要，但始终没有得到，所以我不快乐。"

神听了他的心事后，哈哈大笑，说道："我以为是多么大的事情，不就是两块石头吗，我给你好了。"于是，神把这两种罕见的石头给了他，希望他能够从此快乐起来。

过了一段时间，神再次遇见了这个人，可他看上去并不快乐，甚至比以前还要苦恼。这令神百思不得其解，便问他："既然你已经得到了想要的东西，还有什么不满足的呢？"

"你不知道，自从有了这些宝贝，我每天都在担心它们会被人偷走或者丢失。我害怕失去啊！"不快乐的人说道。

神看着他眉头紧锁的样子，无奈地说："得不到的时候害怕不能得到，得到之后又担心失去。这样，我也没办法让你快乐。"

松开手，世界就在你手中

社会不断地发展，人们的物质欲望也越来越膨胀，这个社会充满着诱惑，一些人再也不满足于吃饱穿暖，总是奢求穿高档名牌，吃山珍海味，住乡间别墅，开宝马香车。追名逐利的现代人，一切都被欲望支配着，心里长满了欲望和奢求的杂草，失去了本真和自我。很多人也和上面寓言中不快乐的人一样，患得患失，整天被得失所忧，为得失所累，不懂得享受追求和拥有的喜悦，心里被得失纷扰得没有一丝安宁。

我们的心灵世界里包藏有很多东西，美、丑、善、恶、贪婪、名利、金钱……这些东西看不到、摸不着，但却左右着我们的行动。一个澄澈美丽的心灵世界里只有美好的、坦诚的、善良的东西，在那里我们看到的是一种叫作真、善、美的花，只要我们能够用心去浇灌，它就能结出美丽的果实。一个污浊丑恶的心灵世界里只有贪婪的、自私的、虚荣的东西，在那里我们只能看到丑恶疯长的杂草。如果我们任心中的杂草到处蔓延，长势过旺的它们就会威胁善美之花的生长。

阿财是一个长工，他在地主家兢兢业业地辛苦了一辈子，他最大的愿望就是得到一块土地。

有一天早上，地主对他说："阿财，你在我家辛苦了一辈子，从没有抱怨过，为了感谢你，我决定满足你的愿望，你从这里往外跑，跑一段就插个旗杆，只要你在太阳落山前赶回来，插上旗杆的地都归你。"

阿财听了，惊喜万分。他拼命地跑，太阳偏西了还不知足。太阳落山前，他跑回来了，但人已精疲力竭，摔个跟头就再没起来。

地主遗憾地摇了摇头说："本来是想满足你的愿望，却害了你的性命，一个人要多少土地才满足呢？人的心的确可怕。"说完他找人挖了个坑，就地埋了阿财。

其实，地主没有使阿财丢掉性命，让他失去性命的是他不满足的心灵。正如地主所说，人的心的确可怕。一个人的心灵如果不纯净，就如猛虎，害人也会害己。

第四章 随遇而安——冷眼看尽世间繁华

"身是菩提树,心如明镜台,时时勤拂拭,勿使惹尘埃。"这是禅宗神秀和尚所作的一首偈。也许,这一首偈没有六祖慧能的"菩提本无树"那么玄妙,但是它却更贴近我们这些世俗之人的心。

原本,我们的心灵是一片净土,一尘不染,与世无争。但是,它很容易被世俗杂音污染,失去原有的宁静。由于欲念的存在,我们会被世上的名利、金钱、物质所迷惑,心中只想将喜欢的东西通通归为己有,而不想舍弃。于是心中就充满了矛盾、忧愁、烦恼,心灵上就会承受很大的压力,再也听不到来自心灵的呼唤。因此,我们必须学会反思这些不当的心理状态,避免为世俗的混杂声所扰乱,以致迷失自我,无法自拔。

我们在生活和工作中要抽出必要的时间去对自我进行反省,去战胜那些影响我们心理健康的因素,去清除那些污染我们心灵的杂草,还我们一个纯净美丽的心灵,也还我们一份美好宁静的幸福。

给心灵留足宁静的空间

宁静是一种感觉、一种心态。如果一个人身处逆境之时还能够保持心中的澄澈,静观其变,那就是宁静的真谛。

古时候,一个国王非常喜欢画,有一天他贴出告示,谁能够画出最能代表宁静的意境,就赏1000两银子。于是,全国的画师们各尽所能,把自己最满意的作品送到皇宫,请国王鉴赏。这些画的内容非常丰富,有清幽的湖水,有寂静的山村,也有静谧的黄昏……可是,谁也没想到,国王最终选择了一幅乌云翻滚、电闪雷鸣、狂风大作、暴雨笼罩群山的画,并将1000两银子赏

松开手，世界就在你手中

赐给了那位画师。

对于国王的选择，大臣们和其他画师很不解。于是，国王又让他们每个人仔细地看那幅画，这时候他们才发现，原来在雨幕中，在嶙峋山石的崖下有一个小缝隙，里面有一个鸟窝，一只小鸟蹲在窝中，安详闲适地待着，外面翻天覆地般的电闪雷鸣，似乎和它没有任何关系，而那些景象也丝毫没有影响到它。

国王说："宁静祥和，不一定是没有噪音、没有人生活的地方。宁静是一种感觉、一种心态。如果一个人身处逆境之时还能够保持心中的澄澈，静观其变，那就是宁静的真谛。"

对于我们来说，唯有拥有宁静的心灵，才不会眼热名声显赫，不奢望金银成堆，不乞求声名鹊起，不羡慕美宅华第。因为所有的奢望和欲求都不过是一厢情愿，只能给生命增添无谓的重负，让自己与快乐和幸福绝缘。

很多时候，人的内心都被外物遮蔽了，为此也给人生留下了不少遗憾。在学业上，因为不懂得聆听内心的声音，盲目地遵从他人为自己选择的方向；在事业上，因为看到了众人涌向热门高薪的职业，假装听不到内心的声音，跟随人潮涌向了自己并不喜欢的工作岗位；在爱情上，因为对经济、地位等非爱情因素的追求，扭曲了内心的声音，错误地选择了人生伴侣……这一切，让人们离幸福越来越远，变得越来越不开心。导致不幸福的根源，其实就是忽略了自己内心的声音，没能在外界的诱惑下保持一份心灵的宁静。

在一条老街上，住着一位老人。年轻的时候，老人绣了大量的工艺品，如今她把工艺品拿出来卖。东西摆在门前，她从不吆喝，也从不还价，晚上也不收摊。她的生意没有好坏之分，每天的收入正好够她喝茶和吃饭。她老了，也不再需要多余的东西，她过得很满足。

有一天，老人在门前喝茶，一个文物商人看到了她身旁的那把紫砂壶。紫砂壶古朴雅致，紫黑如墨，有清代制壶名家戴振公的风格。文物商人走了过去，顺手端起那把壶，他看到壶嘴内有一记印章，果然是戴振公。商人惊

第四章 随遇而安——冷眼看尽世间繁华

喜不已，他想以 10 万元的价格买下它。当他说出这个数字时，老人先是一惊，然后又拒绝了，因为这把壶是她早逝的丈夫留给她唯一的东西。

虽然老人没有把壶卖给商人，但她心里却难以平静。那天晚上，老人生平第一次失眠了。一把普通的壶，突然间成了价值 10 万元的宝贝，她想不明白。过去，她总是把壶放在身边，闭着眼睛躺在摇椅上养神，可她现在却总是不时地看一眼紫砂壶。更让她感到不舒服的是，周围的人知道她有一把价值连城的茶壶之后，蜂拥而至，有人向她借钱，有人询问她还有没有其他的宝物，更有甚者半夜敲她的门。

老人的生活被彻底打乱了，她不知道该如何处置这把紫砂壶。就在她感到纠结的时候，那位商人带着 20 万元的现金再一次登门，老人再也坐不住了，她叫来周围的人，当众摔碎了那把紫砂壶。

于是，老人又可以躺在门前的摇椅上闭目养神、安享晚年了。

宁静能够沉淀出生活中许多纷杂的浮躁，过滤出浅薄粗率等人性的杂质。宁静是一种气质、一种修养、一种境界、一种充满内涵的悠远。老人的安之若素、沉默从容，体现出了她的涵养与理智，更给予了她幸福而绵长的人生。

一个人只有不追求名利，生活简单朴素，才能显示出自己的志趣；也只有不追求热闹，心境安宁清静，才能达到远大的目标。诸葛亮在《诫子书》中说："非淡泊无以明志，非宁静无以致远。"这句话道出了人生的许多真谛。追逐名利，是误入歧途。淡泊名利，可能平凡，但是还不至平庸，追名逐利，可能会风光一时，但心灵不会自由，也活不出真正的精彩来。其实，名利是身外之物，面对名利，我们要做到泰然处之、不惊不喜；失之淡然，不悲不怒。为了名利而累心累身，确实是本末倒置的傻事。

行走在五光十色的社会中，那种恬静如诗的岁月对我们来说已经成为一种奢侈，内心最真实的声音也在繁忙和喧嚣中逐渐被淹没。对物质的欲望慢慢地吞噬了我们的灵性和光彩，让我们留给内心的空间无限缩小，而后变得郁郁寡欢。在这个物欲横流、充满浮躁的时代，我们更要坚定不移地去

> 松开手，世界就在你手中

努力，甘于寂寞，保持清静圆满的心态不停追求。这就是"淡泊以明志，宁静以致远"。

平静地面对生活中的人和事

诚然，名利的确能够给人带来巨大的物质利益，能够满足人的虚荣心。但是如果过分地追名逐利，一定会给自己带来无尽的烦恼。

乾隆皇帝在下江南的时候，曾问金山寺的一位高僧："长江中的船只每天都来来往往，如此繁华，一天到底要经过多少条船啊？"

高僧回答道："这里只有两条船经过。"

乾隆忙问道："怎会只有两条船呢？"

高僧答道："一条为名，一条为利，整个江中来来往往的无非就是这两条船。"

乾隆又问道："为何这么多人都在为名利而奔波呢？"

高僧答："因为人活在世上，无论是贫富贵贱、穷达逆顺，都不听从于内心的声音。他们一味地想生存发展，都离不开'名利'二字。"

诚然，名利的确能够给人带来巨大的物质利益，能够满足人的虚荣心。但是如果过分地追名逐利，一定会给自己带来无尽的烦恼。萨克雷的《名利场》中的女主人公丽蓓卡·利蓓加便是一个例子。她一生都是在不断追求中度过的，但是到最终，她的一切心机却全部白费了。作者最终在书中以这样伤感而又无奈的语气说道："唉，浮名虚利，一切虚空，我们这些人谁又是真正快活地活着的？谁又是称心如意地活着的？就算当时遂了自己的心愿，以

第四章 随遇而安——冷眼看尽世间繁华

后还不是照样不知足？"

其实，人在这个世界上，只是一个来去匆匆的过客而已。名与利，都是过眼云烟，生不带来，死又不能带去，与其一生为它所累，还不如活得实实在在、快快乐乐，用一颗平常心来看待它，将一切看得淡一点，再淡一点。古往今来，那些大学问家都是这样去做的，他们不屑于个人的名利，而是将全部的心血和才华投入自己喜爱的事业之中。所以，他们一方面能够享受到心如止水的快乐，另一方面也能水到渠成地获得惊人的成就。

有一位日本的留学生，在纽约华尔街附近的一家餐馆打工。一天，他雄心勃勃地对着餐馆大厨说："你等着看吧，我总有一天会走进华尔街的。"

大厨好奇地问道："年轻人，你毕业后有什么打算呢？"

留学生回答："我希望学业一完成，最好马上进入一流的跨国企业工作，不但收入丰厚，而且前途无量。"

大厨摇摇头说："我不是问你的前途，我是问你将来的工作兴趣和人生兴趣。"

留学生一时无语，显然他不懂大厨的意思。

大厨长叹道："如果经济继续低迷下去，餐馆不景气，那我就只好去做银行家了。"

留学生惊得目瞪口呆，几乎疑心自己的耳朵出了毛病，眼前这个一身油烟味的厨子，怎么会跟银行家沾得上边呢？

大厨对呆鹅般的留学生解释说："我以前就在华尔街的一家银行上班，天天披星戴月，早出晚归，没有半点自己的业余生活。我一直都很喜欢烹饪，家人朋友也都很赞赏我的厨艺，每次看到他们津津有味地品尝我烧的菜，我就高兴得心花怒放。有一天，我在写字楼里忙到凌晨一点钟才结束了例行公务，当我啃着令人生厌的汉堡包充饥时，我下定决心要辞职，摆脱这种工作机器般的刻板生活，选择我热爱的烹饪为职业，现在我生活得比以前要愉快百倍。"

| 松开手，世界就在你手中

曾获多项国内外大奖的袁隆平说："要淡泊名利，踏实做人，才能取得一定的成就。现在少数人搞学术腐败，就是功利心、享乐心太重，急功近利、弄虚作假，到头来害人害己，只有踏踏实实地做人、做事，才能使心灵获得真正的满足。"在金钱面前，他始终仅满足于基本的生活需求，对此，他解释道："精神上丰富一点，物质上和生活上看淡一点，因为一个人的时间与精力是有限的，如果内心总想着名利，哪有心思搞科研？在吃方面以清淡和卫生为贵，在穿方面只要朴素大方就行了。如此这样才能保持身心健康，心情也才能够愉快，事业也才能取得更大的成就。"

在这个物欲泛滥的社会中，充斥着各种各样炫人的诱惑。对于名利这些东西，嘴上虽然是"视为粪土"，但是内心还是"看得破，忍不过，想得透，做不来"，在真正面对名利的时候，忍不住要去争一下、抓一抓，最终累心累身，实在得不偿失。所以，在生活中，我们要想活得轻松，就要淡泊名利，平静地对待生活，平静地对待身边的人与事，得到了就欣然接受，失去了也泰然处之；在鲜花掌声中不忘形，面对冷嘲热讽也无所谓；得意时不张扬，在挫折面前也不忧伤……唯有在此种心态下生活的人，才能活得快乐和洒脱。

干扰幸福的是那颗不安的心

生活中的许多烦恼和忧虑皆是我们内心感受对外界事物的一种投射而已，如果我们能够日日更新、时时自省，就会摆脱世俗的困扰，清除心灵的尘埃。

有一刚出家的佛门弟子，平时十分刻苦，终日打坐，想成为禅僧。

他的师父发现后，便问道："你为何要终日打坐？"

第四章 随遇而安——冷眼看尽世间繁华

弟子答道:"我要成为禅僧。"

师父听罢,微微一笑,说:"你打坐的目的就是为了成为禅僧吗?"

弟子回答道:"是的。您不是经常教导我们说,打坐可以守住最容易迷失的心,可以以清净之心来看待周围的一切事物,最终可以成为禅僧吗?"

师父说:"你错了,你心中带有欲望去打坐,如何才能以清净之心来看待周围的一切事物呢?你这样打坐只是在折腾自己的身体,根本不会成为禅僧。"

弟子越听越糊涂,迷惑地望着师父。师父说道:"要成为禅僧并不是让你整日像木头一样死坐着,而是心情要达到一种极度的宁静状态。你带着目的去参禅打坐,内心只会散乱。我们的心灵本来就是清净安宁的,你受到了外界这些物相的迷惑与困扰,便会如同明镜上面蒙上了灰尘一样,最终不仅不能成为禅僧,而且还会在不知不觉中愚昧地迷失自我。"

由此可见,心多贪念,必成羁绊。就像故事中的小和尚,如果总是带着一定的功利目的去做事情,心最终会被拖累,最终也极难达到自己的目标。

在生活中,我们之所以放不下,就是因为心中存有太多的杂念,这些杂念时时刻刻束缚着我们的内心,同时也束缚了我们的生活。可以试想如果我们的内心一直处于十分平静的状态,杂念和烦恼自然也就无安身之地,这样我们才能更容易地排除外物的诱惑,才能将事情进展得更为顺利。

但是,生活中却只有很少的人能够达到这种境界,因为世间总有不尽的诱惑在缠绕着我们,束缚着我们的内心,最终也不能将事情进展得更为顺利。然后,再生出烦恼,再将事情弄糟……如此地恶性循环,于是抱怨、愤怒、嫉恨等一些负面的情绪就接连不断地缠绕着我们,我们的生活自然也没有什么快乐而言。当我们真正静下心来细细思考的时候,就会明白,其实干扰我们的并非是外界环境,而是那颗不安的心。

从前有一户穷苦人家住在深山中。有一天,母亲要求16岁的儿子到山下去买些油回来。在离开之前,母亲递给儿子一个大碗,并不时地嘱咐他:

松开手，世界就在你手中

"你一定要小心，家里最近经济真的很紧张，你绝对不能把油洒出来浪费了。"

儿子小心地应和着，过了很长时间才下山来到母亲指定的店里买油。儿子心想：下山一次太不容易了，不如多打点回去，只要自己走路小心点，一定会安然地把油端回家中的。于是，他就让油店伙计把他的碗全部都装满了油。儿子小心翼翼地端着装满油的大碗，一步步地走在山路上，不敢左顾右盼。十分不幸的是，他在快到村里的时候，由于内心紧张，没有看前行的路，一下子踩进了一个小坑中。虽然没有摔倒，但碗里的油却洒掉了1/3。儿子十分懊恼，而且紧张得手都开始发抖，无法将碗端稳。回到家里后，油洒掉了一半。母亲看到装油的碗时，有些生气，对儿子不客气地说："不是说好让你小心点吗？为何还是洒掉了这么多油，白白浪费了这么多钱！"儿子心中十分难过。

这时候，爸爸听到了，过来了解情况。听后，他不停地安慰儿子，并私下里对儿子说："我再派你去买一次油，这次你只要买一半油回来就可以了，并且你在回来的途中多观察你周围的人与事，回来后给我一个报告。"

儿子又勉强下山了，但是他的心中不再紧张，因为他想只有半碗油，无论如何也洒不掉的，于是心情极为轻松。在回家的途中，他发现路上的风景真的很美。远方有翠绿的山峰，又有农夫在田中唱歌。一会儿，又看到路旁边的一群小孩子玩得十分开心，而且还有一群小狗卧在那儿晒太阳。儿子就这样一边走一边看风景，不知不觉地就回到了家里。当儿子把油交给父亲时，发现碗里的油好好的，一滴都没有损失掉。

一切烦恼皆由心生，就像这位买油的儿子一样，第一次由于油装得太多，所以心存顾虑，做事缩手缩脚，放不开，最后反而将油弄洒了。到后来，由于油装得少，所以才放下了心中的顾虑，轻松地完成了任务。所以，在生活中，我们一定不要有太多的贪念，这样才不致生出太多的烦恼，从而束缚我们的快乐生活。

生活中的许多烦恼和忧虑皆是我们内心感受对外界事物的一种投射而已，

如果我们能够日日更新、时时自省,就会摆脱世俗的困扰,清除心灵的尘埃。智慧的人是能够体悟到万物皆空的道理的,这种万物皆空并不是消极悲观的虚无,而是没有执着、没有牵挂、坦荡磊落、广大自在的一种心境。如果我们把生活中的物欲横流看作是镜中花、水中月,便会觉得世间没有什么可求可恋,心灵和人生也就没有了所谓的障碍、痛苦和烦恼,心灵也就能够达到一种完美清净的境界了。

快乐与悲伤均由心而生

悲观是自己酿造的苦酒,怨不得周围的任何人与事;快乐也来自于我们的内心,它并不一定非要借助于外物才能得到。

一匹战马驰骋疆场多年,多次立下战功。后来,这匹马因为在战斗中负伤,被送到后方疗养。待伤好之后,部队便将它卖给了一位腿有残疾的农夫。

有一天,农夫给马套上辔头,想让它到磨坊里拉磨,这时他看到马哭了。农夫好奇地问:"伙计,我没有亏待过你,你为什么哭呢?"

马伤心地说:"我知道你没有亏待我,我哭是因为觉得命运不公。以前,我是功勋卓著的战马,享受过无限荣誉;可现在的我,却在小磨坊里拉磨,而且余生都要这样度过,我想想就很难过。"

农夫笑着安慰马说:"以前,我也是一名骁勇善战的士兵,还获得过军功章。后来,我的腿在战斗中受伤了,便退伍回乡了。可是,我没觉得现在的生活和以前有什么差别,你看我现在过得不是很开心吗。"

马和农夫都曾经在战场上立过功,并获得了殊荣,他们也都是因伤而离

松开手，世界就在你手中

开了战场，可是马过得不开心，而农夫却依然乐观地生活着。相信我们在读完这篇寓言的时候，一定有所启发。其实，人生就是这样，有时荣华富贵，有时举步维艰，有时一切顺利，有时却处处碰壁，可是不管怎么样，我们都该保持一种豁达的心胸，淡然地面对这一切。唯有如此，才能够在处境突变时不会有失落和痛苦，才能笑对人生的起起落落。

在生活中，面对同样的事，为什么有的人很快乐，而有的人却充满烦恼呢？这主要是由人的内心决定的。哲学家说："你的快乐与你的悲伤都是由心而生的，它不会受外界的任何理由所影响！"同样的事物，由于人的心态不同，其结果也是不同的。

我们从小就学会了做游戏，游戏本身就是在不断战胜挫折与失败中获取一种刺激与欢乐。假如没有挫折与失败，再好的游戏也会索然无味。人生就如一场游戏，我们作为其中的玩家，真的能像对待游戏一样对待它吗？人们玩游戏，是寻找娱乐，是带着挑战的心情去面对游戏中的困难与挫折的，面对强大的对手，不断地损伤受挫，但越是如此，越会兴头十足。试想，倘若人们在生活中也有这么一种积极向上的游戏心态，那么失败后，就不会显得那般沉重和压抑。既然如此，我们为何不将挫折变成一种游戏呢？那样便会让痛苦沮丧的心情超然快活起来。二者其实并无差别，只是人们在游戏中身心放松，而在生活中过于紧张。

每个人的路都不一样，但命运对每个人都是公平的，有得必有失，就看我们能不能往好处想。

年迈的约翰·艾弗里有两个可爱的儿子，大儿子杰西平时十分悲观，总是很沮丧的样子；二儿子亚德却十分积极乐观，每天都乐呵呵的。所以，约翰·艾弗里平时为了能让杰西快乐起来，就对他十分偏爱。

在圣诞节来临前，约翰·艾弗里分别送给他们两个人完全不同的礼物，在夜里悄悄地把这礼物挂在圣诞树上。第二天早晨，兄弟俩都起来了，想看看圣诞老人给自己的究竟是什么礼物。哥哥杰西的礼物很多，有一把气枪、一双羊皮手套，还有一辆崭新的自行车和一个漂亮的足球。哥哥将自己的礼物一件一件地取下来，但是他内心却并不高兴，反而忧心忡忡。

父亲见状，就问他："这些礼物你都不喜欢吗？"

杰西拿起气枪说："看吧，如果我拿这支气枪出去玩儿，说不定会打碎邻居家的玻璃窗，这样一定会招来一顿责骂。这双羊皮手套很暖和，但是说不定我戴着出去会挂到树枝上，这样一定会生出许多烦恼；还有，这辆自行车，我骑出去倒是能玩得高兴，但说不定会撞到树干上，会因此而受伤。而这个足球，我终究是要把它踢爆的。"

父亲听到此，没有说话就出去了。刚出门就看到他的小儿子亚德除了收到一个纸包外，什么也没有。但是，当他把纸包打开后，不禁哈哈大笑起来，一边笑，一边在屋子里到处寻找着什么。

父亲问他："你为什么这样高兴？"

他说："我的圣诞礼物是一包马粪，咱们家一定有一匹小马驹。"

最后，亚德果然在屋后找到了一匹小马驹，他兴奋得跳起来。随后，父亲也跟着笑起来："真是一个快乐的圣诞节啊！"

其实，在工作和生活当中，许多的事情都是这样，乐观的情绪总会给人带来快乐的、明亮的结果，而悲观的心理则不管得到什么，都不会快乐，而这一切都是由个人的内心决定的。所以，悲观是自己酿造的苦酒，怨不得周围的任何人与事；快乐也来自于我们的内心，它并不是非要借助于外物就能够得到。

同样的，在现实生活中，我们内心的许多忧虑往往并不是起源于外界的危险信号，而是源于我们内心的非理性想法。我们总是担心疾病、担心车祸、担心失业，但是实际上这些都只是我们内心的想象而已，在这背后，隐藏着这样的一个想法："生活必须是平安的，并且要按照我希望的方式进行，不要有太多的麻烦和困难，如果不是这样，我可就无法忍受了。"我们要知道，我们这样烦恼，是不能改变任何事实的。

松开手，世界就在你手中

　　快乐也是一天，悲伤也是一天，与其烦恼地过，不如快乐地活。而快乐与悲伤都是由我们内心所生，我们要想获得快乐，就应该尽早地摒除内心的烦恼和痛苦，把内心的阴郁情绪打扫干净，让自己快快乐乐地过完当下的时光。

第五章
甩掉包袱——放下远比苦苦追求轻松自在

> 放下烦恼,获得快乐;放下压力,获得动力;放下自卑,获得自信;放下懒惰,获得充实;放下狭隘,获得丰富;放下抱怨,获得平和;放下纠葛,获得潇洒;放下包袱,获得自在……
>
> 生活中,人们难免会急功近利、计较得失,执着于追求各种功名利禄。虽然执着没什么不好,追求功名利禄也没什么不对,但懂得放下,才能让我们解脱烦恼,轻松快乐地生活。

第五章 甩掉包袱——放下远比苦苦追求轻松自在

一个人快乐与否并不在于他拥有多少

成功与失败、痛苦与欢乐，都是相伴相随、相辅相成的。如果只看到失败和痛苦，那么人生将是灰暗的。

在这个物欲横流的社会，人们很容易就被物质和名利蒙蔽心灵，在不停地追求更多东西的同时，往往忘了最简单的东西是最重要、最离不开的东西。成功与失败、痛苦与欢乐，都是相伴相随、相辅相成的。如果只看到失败和痛苦，那么人生将是灰暗的。一个人能不能开心快乐，并不在于他的处境如何或者拥有什么，而在于他对生活的态度，是否可以在生活上、工作中把持着一份发现快乐、赢取快乐的心境。

生活中的苦与乐就如一对孪生子，相伴相随，永不分离。苦与乐在生活中的每时每刻都存在，只要我们以平和的心态去对待，快乐就会永伴我们身边。在岁月的脚步中，我们不要在沧桑中停步，也不要在坦途中驻足。在蹉跎的岁月里，我们匆匆地走过了昨天，忙碌地走过今天，又满怀希望地期盼着明天……

许多人都把生活比作果子，有甜有酸，吃果子的过程就似乎是感受生活的过程，在不知不觉中会使人产生两种不同的错觉，正是这两种错觉影响着人的一生。先尝甜味的人，会以为此甜味会长久，而对安逸的环境，顺利的境遇，未免就会生出几分懒惰、懈怠的思想，从而不去拼搏劳作，其结果只

松开手，世界就在你手中

能是空等年华流逝，而终一事无成；先品酸味的人会以为自己已经遭受苦难，从而认定幸福必然会来临。

人活一世，看似长久，其实在时间的长河中，只不过是一朵素洁的浪花，稍纵即逝。说到底，人的一生，只是那短短的三天：昨天、今天、明天。昨天，过去了，不再烦；今天，正在过，不用烦；明天，还没到，烦不着，何必为了苦与乐去自寻烦恼呢？

"生、老、病、死、求不得、爱别离、怨憎会、五蕴盛。"固然是生活之苦，但它如春夏秋冬的自然轮回一般，无论是谁都难以逃脱与抗拒。面对这般苦痛，重要的是要心如止水，平和、平淡地去面对，要将它视作头顶上那天空中的悠悠白云，视作河面上漂去的片片花瓣一般，瞬间即逝，转而成空。

面对生活中的"苦"与"乐"，应该如一位名人所言："你面对，所以你去拼搏；你拼搏，所以你能够面对。"苦与乐是生活必须经历的过程，苦不一定是负面的，正是各种各样的苦丰富着我们的人生，增长了我们的才智；乐是生活所追求的目标，乐是奋进的加油站，只有付出无尽的汗水，才能永远感受生活的快乐。

美国西雅图有个派克街鱼市，它以精彩的销售方式吸引顾客，前台售货员将顾客的需要吆喝着告诉后面的同伴，后者跟着重复吆喝一遍，并手脚麻利地把鱼像投篮球一样扔向前台售货员，又快又美观，成为一道举世闻名的风景。后来，当地一名女经理从这个有趣的"售鱼哲学"中受到启发，将一个死气沉沉、常年推诿扯皮的内勤营运部门脱胎换骨成为一个运转高效、富有团队精神和轻松愉快氛围的员工团体。

既然人生充满了苦难，那么人生岂不毫无意义？当然不是。幸福和快乐是苦难的另一面，或者说，苦难升华的结晶就是幸福和快乐。有"苦"就有"乐"，有"难"就有"福"。苦乐祸福，构成了人生的本质和全部，所谓"苦乐人生"，就是这个概念。所以，如何善对人生，善待苦乐，掌握苦与乐的根本和转化的契机，就是人生的技巧所在。

第五章 甩掉包袱——放下远比苦苦追求轻松自在

人生总是伴随着七苦八难,没有苦难就不称其为人生。人们的全部努力,无非只是希望能减少一点苦难,或以此苦代替彼苦。一些人欲望太多,贪得无厌,贪污受贿,搞权钱交易,而后又大肆挥霍,满足自己的私欲。而他们并不知道,这种满足只是暂时的、罪孽性的,因为他们已经为自己掘下了一个更加苦难的深坑!

亨利·福特被美国人称为"汽车之父"。1913年他率先采用流水线组装汽车,第一次实现了10秒钟组装一部汽车的神话。几年后民用汽车的价格降低了一半。福特的思想对全世界的制造业产生了极大的影响,但是事情在开始时意见是不统一的。有人觉得改进装配线,既要投资购买机器,又得重新培训工人,风险太大了;也有人认为公司的生产能力已经够强,效益也很好,没必要花力气去提高效率。怎么统一思想?福特举起桌上的玻璃杯问:"你们看到了什么?"有人担忧地说:"半杯水被喝了,杯子空了一半。""别担心,"有人乐观地说,"杯子里还有一半水,渴了还有半杯水可喝。"这就是大家都知道的所谓"半杯水理论",说的是世界上有两种人,当他们在观察半杯水时,一种人看到的是杯子里有一半是满的,而另一种人看到的则是杯子里有一半是空的。

这就是乐观与悲观的区别。我们每个人在日常生活中不论开心与不开心,一天都要过24个小时,何不开开心心地度过每一天呢?因为时间对每个人来说都是公平的,不管是什么人,一天同样拥有24个小时,做人要活得潇洒些,要学会主宰自己的命运。先贤说:"祸福无门,唯人自招;善恶之报,如影随形。"有的人生活得好,有的人生活得不好,这是每个人的福报不同。我们要保持乐观、开朗、平静的心态,善于缓解一切压力,消除一切烦恼,"禅心清净境,无心万事宽",因为忍让不是弱者,而是有胸怀的大度,这样我们就可以在最短的时间内调整自己的心态。要知道伤心、烦恼、怨恨、忧愁不是解决问题的好办法。

松下幸之助被誉为"经营之神",他不是社会的幸运儿,但不幸的生活却

松开手，世界就在你手中

促使他成为一个永远的抗争者。家道中落的松下幸之助9岁起就去大阪做了一名小伙计，父亲的过早去世使得15岁的他不得不担负起全家的重担，寄人篱下的生活使他体会到了做人的艰辛。

1910年，他来到大阪电灯公司做一名室内安装电线练习工，一切从头学起，后来，他诚实的品格和上乘的服务赢得了公司的信任。22岁那年，他被晋升为公司最年轻的检察员。就在这时，他遇到了人生的第一次挑战。

有一天，他发现自己咳的痰中带血，这使他非常害怕，因为这种奇怪的家族病史，已经使9位家人在30岁前离开了人世，这其中包括他的父亲和哥哥。当时他不可能按照医生的吩咐去休养，只能边工作边治疗，这也使他形成了一套与疾病作斗争的办法：不断调整自己的心态，以平常之心面对疾病，调动机体自身的免疫力与病魔斗争，使自己保持旺盛的精力。这样持续了一年，他的身体也变得结实起来，内心也越来越坚强。这种心态也影响了他的一生。

由于患病一年来的苦苦思索，加上改良插座的愿望没有得到公司的采用，使他下决心辞去公司的工作，开始独立经营插座生意。松下电器公司不是一个一夜之间成功的公司，创业之初，正逢第一次世界大战，物价飞涨，而松下幸之助手里的所有资金还不到100日元，困难可想而知。公司成立后，最初的产品是插座和灯头，然而当付出千辛万苦才生产出的产品遇到棘手的销售问题时，工厂竟到了难以为继的地步，同事们相继离去，松下幸之助的境况变得很糟糕。但他把这一切都看成是创业的必然经历，他对自己说："再下点儿工夫总会成功的！我已有更接近成功的把握了。"他相信：坚持下去取得成功，就是对自己最好的报答。工夫不负有心人，生意逐渐有了转机，当6年后他拿出第一个像样的产品也就是自行车前灯时，公司慢慢走出了困境。

走出困境的松下电器公司所面对的并不是一帆风顺的坦途，而是一系列的汹涌波涛。1929年经济危机席卷全球，日本也未能幸免，电器销量锐减，库存激增。第二次世界大战的爆发使日本经济走上了畸形，日本的战败使得松下幸之助几乎变得一无所有，给他留下的是高达10亿日元的巨额债务。为抗议把公司定为财阀，松下幸之助不下50次地去交涉，其中的艰辛自不必言。一次又一次的打击并没有击垮松下幸之助，在他94岁高龄时，他曾向人们表明，一个人只有从心理上、道德上成长起来时，他才可以长寿。他之所以能够走出遗传病的阴影，安然面对企业经营中的一个个惊涛骇浪，得益于他永葆一颗年轻的心，并能坦然应对生活中的挫折和磨难。松下幸之助说："你只要有一颗谦虚和开放的心，你就可以在任何时候从任何人身上学到很多东西。无论是逆境或顺境，坦然的处世态度往往会使人更加聪明。"

逆境给人宝贵的磨炼机会。只有禁得起环境考验的人，才算是真正的强者。其实，顺境和逆境都是命运的安排，只有坦然去面对，才是最好的方式。

把"置身绝境"看成是"以身体验"的珍贵机会，明白这点，面临艰难困苦时，就能勇气百倍地承受，迎接挑战。唯有如此，才能涌出新的智慧，转祸为福。

总之，不论处境如何，为人处世之道就在于不迷惘、不矫揉，以坦然态度处世，这才是最正确的。哭也是一天，笑也是一天，我们不难做出选择。

生活的真谛在于取舍

我们的人生，需要舍弃的包袱太多太多。跋涉于生命之旅中，如果我们有限的视野不肯舍弃眼前的美景，那么失去的将会是前方更迷人的景色。

舍得，舍得，有舍有得，敢舍敢得，不舍不得，小舍小得，大舍大得，以舍为得。舍和得，就如因和果，既相关又互动。舍得就是要"舍迷入悟、

松开手，世界就在你手中

舍小获大、舍妄归真、舍虚由实"。如果我们能把自己心中的偏执、挂碍、烦恼、悲伤和迷惘都舍去，我们就能得到轻松和快乐，自然就会得到一个新的境界。世间万物，凡有所舍，就有所得。

我们的人生，需要舍弃的包袱太多太多。跋涉于生命之旅中，如果我们有限的视野不肯舍弃眼前的美景，那么失去的将会是前方更迷人的景色。人生就是不断选择取舍的过程。选择成就一番事业，必然要舍弃安逸的享受；选择清淡的生活，必然要放弃名利的诱惑。学会选择和放弃，既可以在有限的生命中，抓住自己最需要的，舍弃不必要的负担，又可以轻松掌握人生的主动权，到达成功的彼岸。

一个年轻人觉得生活很压抑苦闷，便去见智者，寻求解脱之法。智者给他一个篓子背在身上，指着一条石子路说："你每走一步就捡一块石头放进去，看看有什么感觉。"

年轻人回来后说很沉重。智者告诉他："这就是为什么感觉生活越来越沉重的道理。生活中我们不断地捡东西放在心里，于是越来越累。"

年轻人问："有什么办法可以减轻这沉重吗？"

智者问他："你愿意把工作、爱情、家庭、友谊、金钱、地位、名声哪一样拿出来扔掉呢？"

年轻人不说话了。

由此看来，人这一辈子只有两个时候最轻松：一是出生时，赤条条而来，背着空篓子；一是死亡时，把篓子里的东西倒得干干净净，然后赤条条而去。除此之外就是不断往篓子里放东西的过程。心为形役，所以会感觉到累，可是又不愿放弃篓子里的东西。生活总是在取舍中选择，鱼和熊掌，往往是不可兼得的，因而在取与舍之间，总是那么让人难以抉择。抉择之所以如此艰难，常常是因为我们内心舍不得放弃，摇摆不定。

一头狮子在山里奔跑的时候，一不小心踩上了猎人设放的捕兽夹。它的一只前爪被夹住了，疼得嗷嗷直叫。突然，它好像听到了什么声音，仔细一

第五章 甩掉包袱——放下远比苦苦追求轻松自在

听,原来是猎人们拿着刀叉和弓箭走过来了。

要么被猎人捕获、宰杀,要么自己逃出去,万般无奈之下,狮子奋力折断了前爪,跑掉了。

等回到了自己的洞中,狮子不禁难过起来,它想:可惜呀!我的那只前爪,指甲是那样的锋利,皮毛是那么的漂亮,现在我成一头瘸狮子了。

这头狮子很苦恼,本是百兽之王,但在这种心理的作用下,变得郁郁寡欢,毫无斗志。

一天,猴子碰到它,聊了起来,才知道狮子的这段遭遇。猴子想了想,宽慰狮子道:"虽然你失去了前爪,但你得到了生命,如此选择和放弃不是最好的结果吗?要不然等猎人到了,你就会被抓住,性命不保。"

听到这里,狮子不由得又为自己"自残式"的选择高兴起来。

每个人在生命中都会面临无数的选择,如何选择也就决定自己如何成功,而最好的选择,需要一种独特的眼光。成功的最佳目标不是最有价值的那个,而是最有可能实现的那个。选择是对放弃的诠释,放弃是一种明智的选择。学会选择和放弃,才能拥有一分成熟,做人也是如此。

在人生中,有些事不可不求,但也不可强求。不选择,人便永远在十字路口徘徊,最终会一无所得;不放弃,人生之舟会难以承受众多的欲望,会给自己带来痛苦、烦恼,结果仍然是一无所得。学会选择和放弃,才能掌握人生的主动权。如果我们已经发现选择与放弃的内在矛盾和冲突,那么就已经做出了明智选择的第一步。

鱼和熊掌不可兼得,我们必须有所选择、有所放弃。喜欢钓鱼的人可能都知道要想钓到大鱼就必须用香甜可口的食物做鱼饵。

有这么一个故事。

聪明的农夫知道老鼠会来偷吃仓库里的粮食,所以事先设了一个可以让老鼠空腹进去的小洞,只要老鼠吃一点粮食就钻不出来,到时就可以"瓮中捉鳖"。

> 松开手，世界就在你手中

老鼠不知道农夫的计谋，看到有这种便宜可占，便一狠心饿了两天，顺利地钻入了粮仓，而当它美餐一顿后却怎么也爬不出来了，所幸的是农夫把这事儿疏忽了，老鼠才在又忍饿两天后得以钻出洞，逃之夭夭。

从这则故事中我们得到如下深刻的启发：必须学会选择，懂得放弃，生活才能如鱼得水。在这个物欲横流的社会里，只有懂得放弃的人，才能用一颗乐观豁达的心去看待那些失去的和得不到的东西；相反，那些紧抓包袱不撒手的人，将永远背负沉重的包袱焦头烂额地在人生道路上横冲直撞，无法顺利抵达人生的彼岸。

当然，生活不只是单纯的取与舍，人生也难免有诸多空白和遗憾，成熟的人应该懂得如何取舍。人生如戏，每个人都是自己的导演，只有学会选择和懂得放弃的人才能找到属于自己的精彩。

舍，看似给予实则获得

有一句很经典的台词是这么说的："当你紧握双手，里面什么也没有；当你打开双手，世界就在你手中。"

舍得舍得，有舍才有得，如果我们不能了然这其中的因果关系，就很难明白"以舍为得"的妙用。在田地里，没有播种（舍），哪里有收成（得）？对于亲朋好友，没有礼尚往来，你们之间的感情怎能长久维系不断升温呢？

舍，看起来是给予，实际上是获得；积极地给予别人赞美，我们才能获得更多的友谊和赞美；给予别人一个笑容，我们才能获得别人对自己的"回眸一笑"。"舍"和"得"的关系就如"因"和"果"，因果是相关的，舍与

第五章　甩掉包袱——放下远比苦苦追求轻松自在

得也是互动的。能够"舍"的人，一定拥有广阔的心胸，否则他怎么肯"舍"给人，怎么能让人有所"得"呢？他的内心充满欢喜，他才能把欢喜给别人；他的内心蕴藏着无限的慈悲，他才能慈悲待人。自己有财，才能舍财；自己有道，才能舍道。所以人不要把烦恼、愁闷传染给别人，因为"舍"什么，就会"得"什么，这是必然的因果。

太阳给我们发光发热，所以我们喜欢太阳；大树为我们遮风挡雨，所以我们喜欢大树；父母养育栽培我们，所以我们感激爱戴父母；朋友给我们无私帮助，所以我们珍惜朋友。如果太阳、大树、父母、朋友都不"舍得"给我们任何东西，我们怎么会喜欢他们呢？

如果情爱是束缚，我们能舍去情爱，自然就会得到自在；如果骄傲是烦恼，我们能舍去骄傲，不就能得到清静了吗？如果妄想是虚妄，我们能舍去妄想，不就能得到真实了吗？如果挂碍是痛苦，我们能舍去挂碍，不就能得到轻松了吗？所以能舍什么，就能得什么，这是必然的道理。

心理学家做过一个试验：将一条饥饿的鳄鱼和一些小鱼分别放在一个小箱的两端，中间用一个透明的玻璃板隔开，刚开始，鳄鱼毫不犹豫地向小鱼发动进攻。它失败了，但毫不气馁，接着，它又向小鱼发动第二次更猛烈的进攻，它又失败了，并且受了伤。它依然进攻，第三次，第四次……多次进攻无望后它再也不进攻了。这时候，心理学家将隔板拿开，鳄鱼仍然一动不动，它只是无望地看着这些小鱼在自己的眼皮底下悠闲地游来游去。它放弃了所有努力。

面对纷繁复杂的世界和物欲横流的社会，懂得放弃的人，就会用乐观、豁达的心态去对待没有得到的东西，他们每天都会有快乐和愉悦的心情；而不懂得放弃的人，只会焦头烂额地乱冲，他们不但最终达不到目标，而且每天都会陷于得失的苦恼之中。

有一句很经典的台词是这么说的："当你紧握双手，里面什么也没有；当你打开双手，世界就在你手中。"很多时候我们都应该懂得舍弃，生活中鱼

松开手，世界就在你手中

和熊掌都能兼得的时候很少，每一次放弃是为了下一次得到更多的回报。

一个青年向一个富翁请教成功之道，富翁却拿了3块大小不等的西瓜放在青年面前："如果每块西瓜代表一定程度的利益，你选哪块？""当然是最大的那块！"青年毫不犹豫地回答。

富翁一笑："那好，请吧！"富翁把最大的那块西瓜递给青年，而自己却吃起了最小的那块。很快富翁就吃完了，随后拿起桌上的最后一块西瓜得意地在青年面前晃了晃，大口地吃了起来。

青年马上就明白了富翁的意思：富翁吃的瓜虽没有他的大，却比他吃得多。如果每块代表同等的利益，那么富翁得到的利益自然比青年多。

吃完西瓜，富翁对青年说："要想成功，就要学会放弃，只有放弃眼前利益，才能获得长远大利，这就是我的成功之道。"

放弃是一种智慧、一种豪气，是更深层面的进取。我们之所以举步维艰，是因为背负太重，之所以背负太重，是因为还不会放弃。功名利禄常常微笑着置人于死地。诗人泰戈尔说："当鸟翼系上黄金时，就飞不远了。"学会放弃，才能卸下人生的种种包袱，轻装上阵，迎接生活的转机，度过风风雨雨；懂得放弃，才能拥有一份成熟，才会更加充实、坦然和轻松。

人生如棋局，我们应把扭转乾坤的一着棋路留在哪里？棋子总是越下越少，人生总是越来越短，于是早时落错了子，后来都要加倍苦恼地应付。而棋子一个个地去了，愈是剩得少，便愈得小心地下。赢，固然漂亮；输，也要举棋无悔。

人生棋局，对手是我们身处的环境，有的人能预想十几步，乃至几十步，未雨绸缪。有的人只能看到几步之外，甚至走一步算一步。与高手对招，常一步失算，满盘皆输；但是高手下棋，眼见的残局，却可能峰回路转，起死回生。有的人下棋，落子如飞，但是忙中出错；有的人又因起初考虑太多，以致捉襟见肘。有的人下棋，不到最后关头，绝不认输；有的人下棋，稍见情势不妙，就弃子投降。端正态度之，勇于直面之，努力超越之，方为我辈所真正遵从的人生棋局。

下棋忌恋战,"该收手时就收手",此路不通,另寻他路;下棋忌骄傲,胜败乃兵家常事。往往是越有真才实学的人越谦虚谨慎,越无知识的人越自命不凡。"谦虚使人进步,骄傲使人落后"是千古不变的真理。人生不是一帆风顺的,或多或少会经历风浪的考验。心越急躁,事情越干不好。赢得胜利的条件,就是要有平和的心态;下棋忌清高,不能认为别人粗俗而不屑一顾。和有风度的人下棋能提高棋技,和粗俗的人下棋,则能培养为人处世的能力。下棋忌忌妒,君子既赢得无愧,也输得坦然;小人则找原因,不肯认输。君子下棋是享受,小人下棋是累赘;"君子坦荡荡",光明磊落,赢就是赢,输就是输,小人却赢是赢,输也强辩成赢,看见别人赢了就翻白眼。

高手在棋盘上落每一个子都是经过深思熟虑的,之所以弃掉,是因为局面的变化使这些棋子失去原来策略中的作用,放弃的过程可以换来更大的价值。或者有些棋子就是为了达到这个目的摆上去作为诱饵的。但对方也是高手的情况下,不会轻易上当,这就是体现功夫的时候了。

一个高明的棋手,对于可以吃掉的棋,应该是围而不打,让这些棋子无疾而终,以最大提高自己棋子的效率。不过这样在中后盘的时候,那些无疾而终的弃子可能因为局面的变化死而复生,甚至成为反攻的内应。所以,在棋盘上,"声东击西"、"围魏救赵"、"暗度陈仓"、"无中生有"等兵法的策略都可以淋漓尽致地体现出来。

人生如棋,围棋的平等:黑白子这样的角色,对于每一个人都是公平的,故而我们也很是情愿地被选择和安于那个属于自己的位置……人生如棋,象棋的拼搏:每一个棋子满是拼搏的汗水和伤痕的心血,积极的态度,顽强地生存,人生就是如此,不论是胜势还是劣势都需要有积极的心态和坚持不懈的精神……人生如棋,跳棋的协作:每走一步都是自己下一步的着力点,只有在不断的铺路和前进之后才能冲向胜利的顶峰。而当自己没有路可走的时候,我们要极力创造条件,然后齐力前进。付出,协作,双赢及其他,也只

> 松开手，世界就在你手中

有和对手联合起来才能显示出更大的智慧……

请问：你还有多少棋子？你已有多少收获？你是不是应该把所剩无几的棋子，放在最佳的位置上呢？人生如棋局，高手能深谋远虑，看出七八步乃至十几步，低者只能看出两三步；高手顾大局，不以一子为重，低者寸土必争，结果屡战屡败。

舍，要能以慈、以利，亦即要能给人善，又要能给人利益。"仰天吐唾，唾不至天，还堕己面；逆风扬尘，尘不至彼，还坌己身"，施舍亦如送礼给人，如果我们所送的礼物对方不肯接受，那就只有自己收回，所以我们应该知道"己所不欲，勿施于人"的道理。

总之，以舍为得，金钱、名利、知识，能将其舍给别人，我们必然会得到更多金钱、名利、知识。舍给别人好的，会得到更多好的；舍去那些不好的，也会得到好的。当我们把烦恼、悲伤、无名、妄想都舍了，自然就会获得人生另一番新境界。

甩掉自卑才能释放自我

自卑感在每个人身上都或多或少地存在，但我们不应被自卑吓倒，而应超越自卑，让它升华为一种良好品格——谦虚谨慎、不骄不躁，然后转化成进取的动力。

有人认为自己没有秀美的容颜，也没有聪颖的天资；没有骄人的学业，也没有出众的才华；没有显赫的家世，也没有耀眼的工作……总之，自己身上千疮百孔，没有任何闪光点，而别人看起来都是幸福优秀的人，看到别人

第五章 甩掉包袱——放下远比苦苦追求轻松自在

幸福的微笑都觉得是对自己无情的嘲笑。

自卑是许多悲剧的根源所在。我们希望像他人那样去生活，像他人一样地为人处世，因此将自我置于别人之下，先比较，然后批判自己，无限夸大别人的能力，这种夸大又反衬出自己的渺小，这是伤害自我的致命武器。我们会觉得自己各方面都不如人，有各种各样的缺点和不足，而别人却完美无瑕。因为内心焦虑不安，没有自己的主见，所以我们用别人的判断标准扼杀了自己的信心。

自卑是自我挫败的源头。我们很容易因为自我条件不足而产生自卑心理，这在生活、感情、职场中也是阻碍成功的大敌。不管承认与否，自卑者面对生活缺乏勇气，不敢与强大的外力相抗衡，才会使自己在痛苦的陷阱中挣扎。有谁愿意成为一个带有自卑性格的人呢？所有自卑的人都渴望把"自卑"这个沉重的包袱重重地摔在地上，从此挺胸抬头，脸上洋溢着自信的微笑。

有一个23岁的女孩，身边有一位成熟稳重、经济条件不错的男人一直密切关注着她——那是她的上司。她是一个敏感的女生，怎会不知道？然而，由于潜意识里的自卑感在作祟，她总不肯给他表白的机会。她在心里发誓：要做就做他身边最优秀的女人，将其他女人比下去，然后再坦然接受他的爱。

从此以后，她拒绝了他的一切邀请，深居简出，埋头苦读，终于考上了她一直向往的、他曾经就读的那所著名学府的研究生。当他提出送她去学校时，她婉言谢绝了，她觉得自己不该是一个不谙世事的小丫头、只会读书的小呆子，而应该是一个高分高能的天之骄女。她要借助任何一次机会锻炼自己，为的是将来能够与他并肩站立，成为他的同行者。在读研期间，她潜心做学问，又多方锻炼自己的心智，磨炼自己的毅力，终于如愿以偿，她变得出类拔萃，导师觉得她不读博士真是浪费。于是，她又花了3年时间读完博士。院里挽留她，并允诺送她出国，而她却无心逗留，想让他看到自己经过这6年时间变得如此优秀的愿望显得那么强烈。她终于带着美好的期待飞回到他所在的城市。这一次，是她主动约的他，她想向他显示：自己足够优秀，

松开手，世界就在你手中

可以成为他的帮手；她还想让他意识到：她有了做他好太太的完美条件。然而，他与她坐在咖啡屋里还没说几句话，他的手机就响了，他接起来："啊？儿子又发烧了，好，你等着，我这就回去送他去医院。"然后，他略带歉意地对她说："我儿子生病了，我太太很紧张，现在他们很需要我在他们身边，我们以后有空再聊，好吗？"他的话如晴天霹雳将她击中，她只能机械地点头，机械地回答："好！"除此之外，她还能说什么，做什么？

故事中的女孩由于内心的自卑不愿意接受上司的追求，她固执地以为只有自己足够优秀时，才能够配得上他！然后，她就想尽一切办法让自己变得更加优秀。然而，当有一天她真的觉得自己足以匹配那个优秀的男人时，才发现幸福早已不在自己的身边。其实，是门当户对的世俗爱情观使得她失去了原本属于自己的东西。优秀固然很重要，可是比起得到幸福来说，就显得微不足道了！

在优秀的追求者面前，我们没有必要自卑，因为爱情与幸福对任何人来说都是平等的。当爱来了，就勇敢地接受吧，别因世俗的眼光而毁掉了自己一生的幸福。有时候，我们真的没有必要刻意地去追求优秀，毕竟优秀只是一个外在的条件，就犹如一个美丽的装饰品，有了，自然让人赏心悦目，没有，依然可以快快乐乐地活着。

从前，有一对双胞胎王子，有一天国王想为大王子娶媳妇了，便问他喜欢怎样的女性。

大王子回答："我喜欢瘦的女孩子。"而知道了这消息的岛上年轻女性想："如果顺利的话，或许能攀上高枝做凤凰。"于是大家争先恐后地开始减肥。

不知不觉，岛上几乎没有胖的女性了。不仅如此，因为女孩子一碰面就竞相比较谁更苗条，甚至出现了因为营养不良而得重病的情况。后来出现了意外的情况，大王子因为生病过世了，国王决定由弟弟来继承王位。

于是国王又想为小王子娶媳妇，便问他同样的问题。"现在女孩都太瘦弱了，而我比较喜欢丰满的女性。"小王子说。

得到消息的年轻女性开始竞相大吃特吃，于是，岛上几乎没有瘦的女性了，但岛上的食物也被吃得匮乏，甚至连预防饥荒的粮食也几乎被吃光了。

最后，王子所选的新娘，却是一位不胖不瘦的女性。王子的理由是："不胖不瘦的女性，更显青春而健康。"

每个人的审美观并不相同，太看重别人的评价或因为自己一点点的缺陷就自卑，不但没有必要，而且会影响自己正常的生活。

一个自卑的人的特点是：认为别人都比自己强，自己处处不如别人，轻视、怀疑自己的力量和能力。自己与自己的较量是最残酷的，因为我们面对的不是别人，而是我们自己，只要我们稍不留神，就会被自卑钻了空子。在人生的道路上，成功的人都是战胜了自己的人，而失败的人都被自己的自卑感给压垮了。自卑感在每个人身上都或多或少地存在，但我们不应被自卑吓倒，而应超越自卑，让它升华为一种良好品格——谦虚谨慎、不骄不躁，然后转化成进取的动力。只有这样，我们才会活得开心，活出自信，我们的人生才会充满希望和阳光。

清空心灵，生活中到处是安乐

清空心灵，就是要清空世俗生活积存的枯枝败叶；清空心灵，就是要收获未来的光荣与辉煌；清空心灵，就是要最大限度地获得生命的自由、独立。

很多人总是把时间和思想填得满满的，却常常忘了自己心之所想，忘了为之奋斗的目的，以为放松就是浪费时间，是无意义、是懒怠。所以，这些

松开手，世界就在你手中

人总是步履匆匆、满腹心事，甚至焦躁不安，从不肯让自己闲下来、静下来，保留一份空白，独享时间的流逝。然而人总会在某个阶段，突然意识到自己的上进心已经被重重复复的琐事所羁绊，对一直热爱的工作产生了松懈，而过往的成功经验转眼间已经成为绊脚石……于是，心累了、倦了。这时如果再强撑下去，只能让自己的心更累、更倦，生活将会更加沉重。而想要从这种沉重的生活中解脱出来，最好的办法是放空自己，让自己暂时忘掉一切，暂时抛开世俗的一切，好好休息一下，让心灵得到沉淀。

每过一段时间，我们都要清理一番家里的物品，有保存价值的留下，估计意义不大的卖掉，甚至干脆扔进垃圾桶。这种清理让人感到无比快乐，每做一次，就有一种又丢掉了一个包袱的感觉，那种无法按照自己的意愿设计生活的压抑感也会一扫而空。

人的心灵其实也像一个家，它的容量是有限的，不管名气有多大，职位有多高，也不管拥有多少金银财宝，都无法突破这种限定。而人生一世，难免有挫折、失败、不幸，难免有烦恼、寂寞、孤独，这些东西就像旧书报和废手稿一样，于我们的人生毫无用处，却侵占了大量的生命空间，如果不及时清理掉，它们就会慢慢地膨胀，让我们的心灵变成一个垃圾坑。

清空心灵，就是要清空世俗生活积存的枯枝败叶；清空心灵，就是要收获未来的光荣与辉煌；清空心灵，就是要最大限度地获得生命的自由、独立。

偶尔放空自己，封锁来自四面八方的信息，放弃永无休止的欲望，用漫不经心的视线，扫过路边的风景，看看天空中鸟儿飞翔，闻闻空气中花的芳香，让繁忙的心真正得到自由。偶尔放空自己，轻装上阵，去汲取新的养分，去静听心音，做自己想做的事，让自己的心每一天都沐浴着阳光，这正是我们努力工作所要追求的幸福生活。

我们在生活中，时刻都在取与舍中选择，我们又总是渴望着取、渴望着占有，常常忽略了占有的反面——放弃。懂得了放弃的真意，也就理解了"失之东隅，收之桑榆"的道理。生活有时会逼迫我们不得不交出权力，不得

第五章　甩掉包袱——放下远比苦苦追求轻松自在

不放走机遇，甚至不得不抛下爱情。然而，放弃并不是一件容易的事情，需要很大的勇气。面对诸多不可为之事，勇于放弃，是明智的选择。只有毫不犹豫地放弃，才能重新轻松投入新的生活，才会有新的发现和转机。

得到与失去是矛盾的双方，它们是对立统一的辩证关系。古人讲"鱼和熊掌不可兼得"，所以得到与失去、追求与放弃，是现实生活中再平常不过的事情了，我们应该以一种平常、豁达的心态去看待。

俗话说"万事有得必有失"，得与失就像小舟的两只桨，马车的两个轮子，得失只在一瞬间。失去春天的葱绿，却能够得到金秋的丰硕；失去青春岁月，却能使我们走进成熟的人生……失去，本是一种痛苦，但也是一种幸福，因为失去的同时也在获得。

人们总是对自己的痛苦念念不忘，但如果一直将过去的伤痛累积起来回味，那就永远走不出阴影，久而久之，人就会始终在眼泪中度日，心胸也会日益狭隘。一旦放下那些不愉快的往事，打开心灵，宽容一切，得饶人处且饶人，生活就会焕发出新的契机。所以退让是一缕东风，一旦我们真诚原谅，就无须用折磨自己来惩罚别人。倘若能够坦然应对生命小舟中的每一个险滩，我们就会融化别人冷漠的冰雪，迎来生机盎然的春天。

生活就是这样，在坚持选什么的同时，就不得不放弃另一些东西。人往往就是因为舍不得放弃，选择才变得异常痛苦。但也正因为舍不得放弃，人生才变得异常沉重。因为，翅膀上系着黄金的鸟儿是飞不起来的。

我们习惯对已经丢失的重要的东西耿耿于怀。究其原因，就是我们并没有调整心态去面对失去，没有从心理上承认失去，事实上，与其为失去的而懊恼，不如正视现实，换一个角度想问题：也许我们失去的，正是他人应该得到的。

生命有得到是正常的，有失去也是正常的，如果我们紧紧抓住失去不放，得到就永远也不会到来。放下失败，抓住成功，就可以让生命重放光彩。而这一切，需要我们有一颗淡泊名利得失、笑看输赢成败之心。个性乐观的人

松开手,世界就在你手中

对得失看得很淡,他们认为"得"是劳作的结果,无论劳心劳力,"得"都是心愿的实施,了了心愿,却难免会失去追求。得到功名利禄的时候,满心喜悦,但同时也失落了沉思与警醒;得到婚姻的时候,爱情的光芒免不了暗淡;得到虚荣的时候,灵魂却在贬值;失去最爱的时候,便是得到永恒的寄托;失去依赖的时候,便得到人生必备的磨砺;失去憧憬的时候,便得到现实的选择。

有这样一则故事。

乡村里有一对清贫的老夫妇,有一天他们想把家中唯一值点钱的一匹马拉到市场上去换点更有用的东西。

老头子牵着马去赶集了,他先与人换得一头母牛,又用母牛去换了一只羊,再用羊换来一只肥鹅,又把鹅换了母鸡,最后用母鸡换了别人的一口袋烂苹果。在每次交换中,他都想给老伴一个惊喜。

当他扛着一口袋苹果来到一家小酒店歇息时,遇上两个英国人。闲聊中他谈了自己赶集的经过,两个英国人听后哈哈大笑,说他回去准得挨老婆子一顿揍。老头子坚称绝对不会,英国人就用一袋金币打赌,3个人于是一起来到老头子家中。

老太婆见老头子回来了,非常高兴,她兴奋地听着老头子讲赶集的经过。每听老头子讲到用一种东西换了另一种东西时,她都充满了对老头子的钦佩。她嘴里不时地说着:"哦,我们有牛奶了!""羊奶也同样好喝。""哦,鹅毛多漂亮!""哦,我们有鸡蛋吃了!"

最后听到老头子背回一袋已经开始腐烂的苹果时,她同样不愠不恼,大声说:"我们今晚就可以吃到苹果馅饼了!"

结果,英国人输掉了一袋金币。

从这个故事中我们可以领悟到:凡事不要看得太重,要学会放空。不要为失去的一匹马而惋惜或埋怨生活,既然有一袋烂苹果,就做一些苹果馅饼好了,这样生活才能妙趣横生、和美幸福。唯有如此,才可能获得意外的收获。

　　人总是希望有所得，觉得拥有的东西越多，自己就会越快乐。所以，这一人之常情就迫使我们沿着追寻获取的路走下去。可是，有一天，我们忽然惊觉：我们的忧郁、无聊、困惑、无奈、一切不快乐，都和我们的要求有关，我们之所以不快乐，是我们渴望拥有的东西太多了，或者，是太执迷于某事物。

　　适时放空自己，甩掉心上背负的沉重，别让心灵蒙尘，让自己的心变得轻盈，心轻是一种睿智，放空是一种豁达、一种精神，更是一种品格、一种境界。放空了自我，才能想到别人；放空了个人，才能想着国家和人民；放空渺小和卑劣，才能赢得伟大与崇高。因此，放空，也是一种智慧，一种幸运。放空，才会收获一份轻松。

　　放空自己是为了更好地充实和净化自己，让自己心平气和，把心力调至恰到好处，驾驭好自己的情绪，靠近快乐，远离忧虑，放空自己，是顿悟的前提。我们试着让自己在不断的顿悟中，做一个充实而又幸福的人吧。

放得下才能拿得起

　　放下失恋的痛楚，放下屈辱留下的仇恨，放下心中所有难言的负荷，放下费尽精力的争吵，放下对权力的角逐，放下对虚名的争夺……放下该放下的，就会获得另一番风景。

　　在阿尔及尔地区，有一种猴子会经常跑到山下的农田里去偷庄稼。
　　农民们为了保护庄稼，发明了一种特殊的捕捉猴子的方法：在一个细瓶

松开手，世界就在你手中

颈的容器中放些玉米，这些瓶子的颈刚好能让猴子的爪子伸进去，但是当猴子一旦手中拿着玉米攥上拳头就出不来了。

利用这个方法，农民们捕到了很多猴子。每晚他们都将这个瓶子放在村口，第二天早晨起来，就能看到一些紧握拳头的猴子在那儿与瓶子较劲，但是不管手怎么挣扎就是出不来。其实，如果这些猴子能够放下手中的玉米，是完全可以逃走的，但是，它们因为偷到了玉米，却怎么也不肯松手，到最终只有被捉了。

猴子之所以落得个束手就擒的下场，是因为它们不肯放下到手的食物。这个故事让我们懂得了一个深刻的哲理：面对选择，如果缺乏放下的勇气，我们就会像猴子一样为自己套上沉重的枷锁，最终因为不肯放下而被俘虏。

在这里，我们可能会笑猴子的贪婪：只要把手里的东西放下，不就可以全身而退了吗？为什么还死死地抓住不放，让人捉到它呢？其实，在生活中，我们人类又何尝不是如此呢？

在生活中，常常遇到一些不顺心的事，例如失恋、误解、做错事而受到别人的指责……有些人就会总放不下，无精打采，不堪重负。如果我们能够及时放下，缠绕我们内心的绳索不就自动解开了吗？只有放得下，才能让我们轻装前进，才能"拿"起更多。

泰戈尔说过这样一句话："世界上最好的事就是一笑了之，不必用眼泪冲洗。"人生在世，就要学会放得下。放下失恋的痛楚，放下屈辱留下的仇恨，放下心中所有难言的负荷，放下费尽精力的争吵，放下对权力的角逐，放下对虚名的争夺……放下该放下的，就会获得另一番风景。

法国哲学家、思想家蒙田说："今天的放弃，正是为了明天的得到。"所以，在生活中，我们只有懂得放下，才能更好地拿起。

吉姆·特纳在自己40岁的时候，继承了拥有30多亿美元资产的莱斯勒石油公司。当时，所有人都认为这位新上任的总裁会在自己的有生之年大干一番，好好地为公司做加法，而吉姆·特纳却并没有如人们想象的那样去卖命。

第五章　甩掉包袱——放下远比苦苦追求轻松自在

吉姆·特纳首先组建起一个评估团，对公司资产做了全面盘点，然后以 50 年做基数，在资财总和中先减去自己和全家所需、社会应承担的费用，再减去应付的银行利息、公司的硬性支出、生产投资等，一切评估做完后，他发现还剩下 8000 万美元。剩余的钱如何用？

他先拿出 3000 万美元为家乡建起一所大学，余下 5000 万美元则全部捐给了美国社会福利基金会。人们对他的行为表示不理解，他却说："这笔钱对我已没有实质意义，用了它就减去了我生命中的负担。"

在公司员工的印象中，吉姆·特纳从来没有愁眉苦脸、唉声叹气的时候。太平洋海啸给公司造成 1 亿多美元损失，他在董事会上依然谈笑风生，说："纵然减去 1 亿美元，我还是比你们富有 10 倍，我就有多于你们 10 倍的快乐。"他的一个孩子在车祸中不幸身亡，他说："我有 5 个孩子，减去 1 个，我还有 4 个。"

吉姆·特纳活到 85 岁悄然谢世，他在自己的墓碑上留下这样一行字：最令我欣慰的是我能在最后几十年为自己做了人生减法！

吉姆·特纳正是因为勇于舍弃，才获得了幸福和快乐。如果他像人们所想的那样，在有生之年大干一番，只"拿"不"放"，那么，他的最后几十年就有可能会在忧愁和痛苦中度过了。

人生在世，有很多东西都舍不得放下：放不下功名、放不下金钱、放不下贪心……这种种的放不下，使得我们如同背着重壳行走的蜗牛一样，活得又苦又累。而只有将这一切都放下，我们才能轻装上阵，赢得人生的成功与辉煌。放下其实是一种投资，是一种成本，经济学上称其为机会成本。在做出某个选择的时候，实际上也就等于投入了这一机会成本。没有成本的投入，又何谈心想事成、梦想成真的"利润回报"呢？

苦苦地挽留夕阳的人是傻子，久久地感伤春光的人是蠢人。什么也不愿放弃的人，常会失去更珍贵的东西。一个亘古不变的真理是：拿得起，固然可贵，但放得下，才是人生处世的真谛。

松开手，世界就在你手中

人生在世几十年，做人要拿得起，放得下。世事艰辛，做人就需要拿得起，放得下。拿得起在于不要随波逐流，保持着自我；放得下在于通达世故，使自己免于伤害。只有放得下，才能将拿得起的东西更好地把握住，抓住最重要的东西，只有这样，我们的人生才会有一个更美好的结局。

放弃并不意味着失败

看不清自己，执着于追求错误的东西不仅会徒劳无功，还会让自己痛苦不堪，甚至伤痕累累。所以说，追求要适度，要符合自身的实际情况。

师父和徒弟出外游历。走到半路上，突然有一棵大树倒下来，横倒在路中间，使得人和车很难通行。师徒二人就想将大树移开，好让路上的车辆、行人通过。可是因为树木太重了，师徒二人合力移着这棵树，累得气喘吁吁，汗流浃背，好不容易把那棵树移到路旁。徒弟心情很轻松地对师父说："师父，这棵树这么重，移着它太辛苦了，还是尽早放下来比较轻松！"师父就借机会对徒弟启示说："我们心中的执着比这棵树更重，我们扛了一辈子都不觉得累。如果有一天我们能将妄想与执着放下，那才能获得真正的轻松。"

佛说："人之所以痛苦，在于追求错误的东西。"生在人世间，我们往往执着于追求金钱、名利等世俗的东西，以为得到了这些就能得到快乐，结果所得到的都只是暂时的，痛苦往往会随之而来！所以我们对于执着，要学会慢慢地放下。对我们来说，执着就等于扛着一个很重的东西，所以会活得很辛苦。譬如，很多人执着于对金钱的狂热追求。追求金钱无可厚非，但是不能以牺牲健康和道德为代价，否则就是一种错误的追求。错误的追求只能让

第五章　甩掉包袱——放下远比苦苦追求轻松自在

我们不堪重负、苦不堪言，比如追求错误的、不切实际的理想。

很久以前，有一片广袤无垠的田野，土地肥沃，水草丰美。为了更好地灌溉庄稼，当地的农民在这里挖了两条河，一条小河，一条大河。刚开始，小河和大河都勤恳地灌溉，因此两岸庄稼年年获得大丰收。可是有一天，大河忽然有了一个想法，它想去看看大海。这个想法一出来，就再也按捺不住了，它想："我是大河，怎么能和那条小河一样，老死在这穷乡僻壤的乡野之地呢？"于是，大河使出浑身的力量，一浪接着一浪地冲向远方。大河是坚韧的，它克服了重重困难，冲破了许多阻挠，它离自己的目标越来越近了。当它回头再看小河时，不由得生出一分悲悯之心："唉，小河啊！你也太没有追求了！"

遗憾的是，有一天，大河一头扎进了无边无际的沙漠里，它的水分很快就蒸发完了。因为没有了水，所以没过几年，河道就被填平了。

而那条小河依然勤勤恳恳、任劳任怨地灌溉着两岸的庄稼，为两岸农民的丰收立下了汗马功劳。为了获得更多的水源来灌溉庄稼，人们又把小河的河道拓宽了，比原来的大河还要宽好几倍。小河周围整天热热闹闹的，有浣衣洗菜的农家妇女，有洗澡嬉戏的孩童，有泛舟垂钓的游客……

又经过几代人的传承繁衍，小河被当地人称作"母亲河"。而当初的那条大河，早已寻不到半点踪迹了。

在这则寓言中，大河定下的目标太过远大，它忘记了自己不过是一条乡野的内陆河，却好高骛远、异想天开地想去看大海；而小河立足于本职、立足于现实，所以最终实现了个体的价值。由此可见，看不清自己，执着于追求错误的东西不仅会徒劳无功，还会让自己痛苦不堪，甚至伤痕累累。所以说，追求要适度，要符合自身的实际情况。

佛说："我们的痛苦、轮回，其实我们很冤枉，我们可以不必在六道中浮沉，只要我们有决心，就能够脱离六道轮回。我们今天轮回得很冤枉，因为我们放不下错误的执着。"的确如此，在这个世间，我们往往拼命去追求和

> 松开手，世界就在你手中

拥有很多东西：金钱、名誉、地位……可是到头来，我们一样也没有。正如佛所说的："其实我们并没有拥有金钱、名誉、地位，我们真正拥有的，最后只是痛苦、失望、伤心。"

我们出生的时候两手空空，什么也没带来，我们死后同样是双手空空，什么也带不走。如果能明白这个道理，放下对错误东西的执着与追求，我们就能回归清净的本性，轻松生活。

无力做到的就放下

我们在生活中只能靠自己，有的事，我们无力做到，那么我们就要做到放下，放下了才能让心灵得到放松，才能腾出时间做该做的事，从而有益于社会。

太行和王屋两座大山方圆700里，高达千丈，愚公的住处正对着这两座大山，为了出入方便，他下定决心用尽一切力量去搬掉这两座大山，他带领一家人，不论酷热的夏天，还是寒冷的冬天，每天起早贪黑挖山不止。他对笑话他的智叟说："我虽然快要死了，但是我还有儿子，我的儿子死了，还有孙子，子子孙孙，一直挖下去，无穷无尽。山上的石头却是搬走一点儿就少一点儿，再也不会长出一粒泥、一块石头了。我们这样天天搬、月月搬、年年搬，怎么会搬不走山呢？"故事的结尾说愚公移山的诚意为天帝所感动，派遣两名神仙到人间把这两座大山搬走了。

千百年来，愚公的做法被大多数人所称颂，他们认为其志可嘉。愚公那种不畏艰险的品质固然可敬，但是他的做法却正如智叟所说的是愚不可及的。

第五章 甩掉包袱——放下远比苦苦追求轻松自在

他太过固执，是不懂变通的迂腐。

作为万物之灵长的人类，要生存、要成功，就必须靠智慧，而不是靠蛮力。其实，我们只要动动脑筋，就不会做出移山的无望之举。要想出入方便，也大可不必率子孙去移山，我们可以搬家，搬家容易还是移山容易？当然是搬家容易，这是一个3岁小孩都可以回答出来的问题，而愚公却舍易求难，作为旁观者，我们真的无法理解。因此，有人作诗评价愚公移山："常佩愚公志不还，却疑所持过弥坚。门前只待通渠壑，何故偏移两座山？"

也许有人会说："愚公最后不是成功了吗？"可是，他的成功并不是靠他的蛮力完成的，而是靠外界的力量。面对一些无望的事，我们要学会放弃，不能存有侥幸心理，期望像愚公一样得到神仙的帮助。神仙只是传说，我们在生活中只能靠自己，有的事，我们无力做到，那么我们就要做到放下，放下了才能让心灵得到放松，才能腾出时间做该做的事，从而有益于社会。

生活中常常会出现这样的人，他们不知道为什么一直纠结在一个问题上不放手，整天把自己弄得像个陀螺一样团团乱转，却终究一事无成，还把自己的生活弄得一团糟……身为旁观者，我们无法了解他们的那种坚持，其实，生活从来都不是直线，有时，我们放掉无谓的坚持，反而会海阔天空。

生活中我们常常会遇见异常固执的人，固执分两种，一种是还未认识到自己不对，另外一种则是明知自己不对，但却拒不认错。前者造成的失误或者失败情有可原，但如果是后者，我们就不能继续欺骗自己和别人，要勇敢地面对过失，改正过失。人生很多的挫折与失利，都是过分固执造成的。谁都难免有这样或那样的缺点和错误，有了错误，要及时纠正自己，亡羊补牢，为时不晚。否则，认识不到自己的错误，或者明明知道自己错了，但是碍于面子不愿承认，打肿脸充胖子，就会陷到固执的泥淖之中。要知道生活中值得我们追求的东西很多，所以，我们不能一味纠缠在那些毫无意义、毫无结果的事情上，那样只会浪费我们的时间和生命。

阿牛和大志是邻居，他们住在一个小村庄里，平常他们去山里干活总会

松开手，世界就在你手中

搭个伴。

有一天，他们又一起去山里干活，却意外地发现了两大包棉花，他们欣喜万分，将这两包棉花卖掉，足以供家人几个月的衣食。当下两人各自背了一包棉花赶路回家。

走着走着，大志看到山路上扔着一大捆布，走近细看，竟是上等的细麻布，足足有10多匹。他欣喜之余，和阿牛商议要一同放下背负的棉花，改背麻布回家。

阿牛却不同意，认为自己已经背着棉花走了一大段路，到了这里再丢下棉花，岂不枉费自己之前的辛苦？坚持不愿换麻布。大志只得一个人尽力背起麻布，继续前进。

又走了一段路后，大志望见林中闪闪发光，走近一看，地上竟然散落着数坛黄金，心想这下真的发大财了，赶紧劝阿牛放下肩头的棉花，改用挑柴的扁担挑黄金。阿牛仍然不愿丢下棉花，理由还是以免枉费辛苦，并且疑心那些黄金不是真的，劝大志不要白费力气，免得到头来一场空欢喜。

大志只好自己挑了两坛黄金，和阿牛赶路回家。走到山下时突然下了一场大雨，两人被淋了个透。阿牛背着的大包棉花吸饱了雨水，再也背不起来了。

不得已，阿牛只能丢下一路辛苦舍不得放弃的棉花，两手空空地和大志回家去了。

一个机智的人可以灵活运用一切他所知的事物，能在恰当的时间内把应做的事情处理好，这不只是机智，也可称之为艺术。聪明人与傻子的区别在于，聪明人懂得变通，懂得何时该坚持、何时该放弃、何时应改变。而傻子却只懂得顽固地坚持、一成不变地固守，就像故事里的阿牛一样。

有的时候，如果目标正确、方法对头，这种"顽固"应该能获得世人的认同甚至赞美。其实，现实生活中"傻人有傻福"这句话，更多的是一句善意的安慰、一种自欺的借口。人们更赏识的话是"识时务者为俊杰"，过分地执着就是固执，固执不是坚忍，而是愚蠢。在很多时候，我们要学会放弃固

第五章　甩掉包袱——放下远比苦苦追求轻松自在

执，变通行事。有许多满怀雄心壮志的人意志很坚强，但是由于不会进行新的尝试，墨守成规、固执己见，因而无法成功。

　　人生从来都不是一帆风顺的，我们总是会遇到各种各样的问题，如事业遭遇瓶颈，爱情遇到危机，人生陷入低谷……此时一个念头的转变将会影响我们的一生。这也是为什么有些人在遭遇背叛以后选择了两败俱伤，有些人则选择了重新开始的原因。不是后者比前者更具备什么精神，而是他们更懂得人生在有些时候是需要学会拐弯的，坚持有的时候也会变成伤害自己的武器。

第六章
知足常乐——顺其自然人生更自在

> 以人性驾驭物性，便是知足；让物性牵制人性，就是不知足。足与不足在于物，非人力所为；知与不知在于人，非贫富贵贱所左右。
>
> 人生路上，不管成败，都要学会对自己说："知足常乐，适可而止，顺其自然，无须苛求。不以物喜，不以己悲，才会获得快乐，活出自在。"

第六章 知足常乐——顺其自然人生更自在

快乐在于心的感受

生命的快乐在于心的感受，在于我们对周围事物的感受。我们期待快乐，便会得到快乐；我们找寻快乐，便会发现快乐。

不知从什么时候开始，"郁闷"这个词已成为现代人的口头禅，常常听到大家说："真郁闷啊！"接着抱怨工作忙，抱怨生活累，抱怨上司严，抱怨收入少，抱怨自己付出的比别人多……生活似乎已经没有快乐可言。

快乐是一种心情，不快乐的原因在于"心"。而我们的心被"欲望"抹去了原有的纯真，双眼被"名利"蒙蔽了原本的明亮。所以，人们的"心"开始斤斤计较，不再知足，也不再快乐。

生命的快乐在于心的感受，在于我们对周围事物的感受。我们期待快乐，便会得到快乐；我们找寻快乐，便会发现快乐。

快乐真的很简单，只要我们静静地感受，快乐就在我们身边。心静如水，以置身世外的心情，可以感受尘世间的点点真情，点点快乐……当心灵宁静的时候，一句话，一声问候，一抹微笑，一汪眼神，一段文字，甚至一滴水，都会让我们感觉到快乐。

有个小孩对母亲说："妈妈你今天好漂亮。"母亲问："为什么？"小孩说："因为妈妈一天都没有生气。"

原来要拥有漂亮很简单，只要不生气就可以了。

松开手，世界就在你手中

有一个人去应聘工作时，随手将走廊上的纸屑捡起来，放进了垃圾桶。他的举动恰好被路过的面试官看到了，因此他得到了这份工作。

原来获得赏识很简单，养成好习惯就可以了。

有几个小孩很想当天使，上帝给他们一人一个烛台，要他们每天把烛台擦亮，结果一两天过去了，上帝都没来，于是有些小孩就不再擦拭那烛台。有一天上帝突然造访，只有一个烛台是干干净净、明明亮亮的，那是被大家叫作笨小孩的烛台，因为上帝没来，他也每天都擦拭，结果这个笨小孩成了天使。

原来当天使很简单，只要实实在在去做就可以了。

有个牧场主，叫孩子每天在牧场上辛勤地工作，朋友对他说："你不需要让孩子如此辛苦，农作物一样会长得很好的。"牧场主回答说："我不是在培养农作物，我是在培养我的孩子。"

原来培养孩子很简单，让他吃点苦头就可以了。

有个小弟在脚踏车店当学徒，有人送来一部有故障的脚踏车，小弟除了将车修好，还把车子擦拭得干干净净。其他学徒笑他多此一举，脚踏车主将脚踏车领回去的第二天，小弟就被挖到那位车主的公司上班了。

原来出人头地很简单，多干点就可以了。

有一家商店经常灯火通明，有人问："你们店里到底是用什么牌子的灯管？那么耐用。"店家回答说："我们的灯管也常常坏，只是我们坏了就换而已。"

原来保持明亮的方法很简单，只要常常更换就可以了。

有一支淘金队伍在沙漠中行走，大家都步伐沉重，痛苦不堪，只有一人快乐地走着，别人问："你为何如此惬意？"他笑着："因为我带的东西最少。"

原来快乐很简单，拥有少一点就可以了。

住在田边的青蛙对住在路边的青蛙说："你这里太危险，搬来跟我住

第六章 知足常乐——顺其自然人生更自在

吧!"路边的青蛙说:"我已经习惯了,懒得搬了。"几天后,田边的青蛙去探望路边的青蛙,却发现它已被车子压死,暴尸在马路上。

原来掌握命运的方法很简单,远离懒惰就可以了。

除了故事中举证的这些,在我们的周围还存在许多例子,只是我们的眼都被世俗名利所蒙蔽。原来快乐真的很简单,爱我们的生活,爱我们身边的每一个人,爱这个美好的世界,珍惜亲情,珍惜爱情,珍惜友情,珍惜每一份感情,快乐就在我们的身边。

快乐是一种修行,当我们有苦恼的时候,要相信快乐其实可以自己创造,而不是任凭坏心情一点点地蚕食自己。当心情烦闷时,穿上运动服,来个2000米慢跑,让自己出一身汗,再冲个热水澡;当工作压力大时,不必整日愁眉苦脸,可以走到室外,对着蓝天白云,张开双臂,好好享受大自然,还可以上上网、聊聊天、听听音乐……其实,快乐属于我们每一个人,我们可以自己创造:快乐就在那一次慢跑中,就在那一次深呼吸中,就在那一段美妙的音乐中。

从前,有一群年轻人在寻找快乐的过程中遇到许多烦恼、忧愁和痛苦。他们一个个垂头丧气,觉得这个世界并没有真正的快乐,于是,他们准备放弃。在他们心灰意冷的归途中,他们看到了一个垂钓江边的渔翁。老翁神态怡然自得,时时轻捋长须,十分悠闲。一人弯眉一想,带着朋友走上去,问道:"老伯伯,您快乐吗?"

"我很快乐!"老翁回答。

"为什么?"年轻人说。

"因为我远离喧嚣,垂钓碧江,我在享受我的生活。"老翁答道。

年轻人脸上疑云遍布,不解。

老人思忖片刻说:"你们去拜访苏格拉底吧,他或许可以解决你们遇到的问题。"说完继续面朝大江。

苏格拉底是名人,古希腊哲学三圣之一,柏拉图的老师,有名的大哲学

松开手，世界就在你手中

家。几天后，年轻人找到了苏格拉底，问道："我们在寻找快乐，却遇到了痛苦，快乐到底在哪里？"

"你们先帮我造一条船。"苏格拉底说。

年轻人还是一头雾水，但答应了，就把寻找快乐的事放到一边。他们各自商量好，找来了造船工具，用了七七四十九天，锯倒了一棵大树，挖空树心，造出了一条独木船。看到自己的劳动成果，虽然很累，但每个人的心里都异常兴奋。当晚大家相约去庆祝了一番，全然忘了寻找快乐的事。

第二天，他们把独木船抬到江边，并请来了苏格拉底，苏格拉底满意地点点头。于是大家把船推到水里，一起跳到船里，一边合力荡桨，一边齐声唱起歌来。歌声在整个空旷的江面回荡。

这时，苏格拉底问："孩子们，你们快乐吗？"

"快乐极了！"他们齐声回答。

"那你们找到了自己想要的答案了吗？"苏格拉底问道。

这群年轻人恍然大悟，说："原来我们为了寻找快乐而久久苦恼，但在忘记寻找快乐中我们不知不觉找到了快乐。"

"呵呵，其实快乐并非刻意去寻找，它其实就在我们每个人的身边，只要你们融入生活，有目标，有追求地去做一件事情，并做好每一件事，那么快乐就会如约而至。"苏格拉底说道。

这时，这群年轻人也深刻地理解了垂钓老翁的话，并领悟到了快乐的真谛。

人类不善于预测快乐，因为快乐是祈求不到的，当我们追求快乐时，它无影无踪，而我们忽视它时，它却不期而至。其实，当我们把某一件事情做好了，我们对自己的行为感到满意，我们就会快乐。许多人重视快乐的感受，却不重视去做快乐的事情，不去行动，只去思考和感受，是不会快乐的。

有些人总觉得自己的生活充满不幸与悲伤，为什么有些人总是快快乐乐的？其实很简单，这就在于自己的选择。原谅别人的错误，并且给予其鼓励和改正错误的勇气；用心记住别人对自己的每次帮助，并且心中充满感激，这样，我们就会得到快乐。其实，快乐在于选择，把快乐刻在石头上，我们就会永远快乐。

人生也很简单，只要能懂得"珍惜、知足、感恩"，我们就拥有了生命的光彩。

快乐远比财富更重要

对待金钱我们应有这样的认识：钱财乃身外之物，生不带来死不带去。金钱是为人的生活服务的，人不可做钱财的奴隶。

幸福其实就是一种期盼，是一种心灵的感受。只要用心去感受，我们就会发现幸福其实就在我们身边，只是这样的幸福常常被我们忽略而已。有的人之所以不幸福，就是没有知足心。每个人对幸福的感觉和要求都不相同，一个容易满足、懂得知足的人才更容易得到幸福。

林语堂告诉我们，知足常乐的秘诀是懂得如何享用自己所拥有的，并割舍不实际的欲望。可多数人却是拥有了不知珍惜，反而想要得到更多。想拥有更多的财富无可厚非，但财富是个无底洞，我们总希望拥有尽可能多的，但往往会失去自己的本真。在必要时懂得放弃更重要，一个人的快乐不是索取多少、拥有多少，而是懂得适当放弃。

人的本性是贪婪的。每个人活在世上，总是想拥有很多，开始的时候是梦想，慢慢地就会演变成难以遏制的欲望，最后这欲望便进化为贪婪。人都有趋利避害的天性，见利不能不求，见害不能不避，这种天性使人不仅仅满

松开手，世界就在你手中

足于吃得饱、穿得暖，还有更多的欲望、有更多对于美好事物的追求。然而，对美好事物的追求如果无节制地膨胀下去，就会变成贪婪的欲望。

巴尔扎克笔下的吝啬鬼葛朗台虽然拥有很多的金钱，但他每天也就是听听金币的响声，他舍不得吃，舍不得喝，舍不得给女儿嫁妆，最后落得个众叛亲离的下场。

在我们的生活中，构成生活最重要的关系，不是我们与物质的关系，也就是说，我们与财富、金钱的关系并不是最重要的；我们生活中最重要的关系是人与人之间的关系，是我与你、我与他，我们与大家、我们与他们、我们与你们的关系。这些关系的维护，靠的绝不是社会价格体系。如果把人与物质关系中的欲望投射到人与人的关系上，那么人与人之间形成的就必然只是功利关系。这不仅是人生命的异化，而且也是人生意义和价值的虚无化。

因纽特人捕狼的办法世代相传，很特别，也很有效。严冬季节，他们在锋利的刀刃上涂一层新鲜的动物血。等血冻上了，他们再涂一层，再让血冻住，然后再涂。如此反复，很快刀刃就被冻成的血坨裹得严严实实的了。

下一步，就是把用血裹住的尖刀反插在地上，刀把结实地扎在地里，刀尖向上。当狼顺着血腥味找到的时候，它们会兴奋地舔食刀上新鲜的冻血，融化的血液散发出强烈的气味，在血腥味的刺激下，它们会越舔越快，越舔越用力，直到所有的血被舔干净，锋利的刀锋暴露在外，但狼这时已经嗜血如狂，它们猛舔刀锋，在血腥味的诱惑下，根本感觉不到舌头被刀锋划开的疼痛。在北极寒冷的夜晚里，狼完全不知道它正在舔食的其实是自己的鲜血。它只是变得更加贪婪，舌头抽动得更快，血流得也更快、更多，舌头破了它也无知觉，直至精竭而倒。

这就是利用了狼的嗜血本性！我们人类也会犯狼的错误。人的贪婪是无止境的。渔夫和金鱼的故事就是一个例子。那条神奇的小金鱼为了报答渔夫的救命之恩，给了渔夫很多东西，原本一张新的渔网，一个新的木盆，一座新的房子就可以让渔夫过上很快乐的生活了。可是渔夫贪婪的老婆破坏了这

第六章 知足常乐——顺其自然人生更自在

一切,最后金鱼收回了它所有的允诺,渔夫和他老婆又变得一无所有。

荀子《性恶》篇中,尧向舜问道:"人情怎么样?"舜回答说:"人情很不好,又何必问呢?有了妻子,对父母的孝敬就差了;嗜好、欲望达到了,对朋友的信赖就差了;高官厚禄的愿望满足了,对君主的忠诚就差了。"

人在物质面前到底起什么样的作用,关系重大。如若人成为物质的奴隶,受物质需要驱使,那么社会上充满欺诈和压迫就不可避免。在这样的社会中,犯罪成了一种谋生的手段;反过来,如若人成了物质的主人,物质不仅用来实现个人的生存和满足个人的欲望,而且也是用作生活中相互关心的一个项目,物质靠着人与人之间的同情和关爱而相互传递。在这两种情况下,虽然物质的性质没有改变,但是人的地位改变了,前一种社会中的人彻底丧失了自由,物质力量支配了他的行动和思想;后一种社会中的人是自由的,人格是独立和自尊的,他是物质世界的主人。可以说,前者是奴隶,后者是主人。

奴隶不仅没有自由,而且是被动的,不由道德、理性来支配其行动和思想,他的行动和思想完全是非理性的,也是荒谬的。还有一点,这些人还是不负责任的,因为他们的思想是被动的,所以他们没有社会责任感。如果他们喜欢鲜花,他们会立即从花园里把它们摘下来;而做花园主人的人不同,他们喜欢鲜花是靠劳动来种植和养护它们。虽然摘鲜花的和种鲜花的都拥有鲜花,但性质不同:摘鲜花的拥有的是有限的鲜花,而种鲜花的拥有的是永恒的鲜花;摘鲜花的拥有鲜花的尸体,而种鲜花的拥有鲜花的生命。

生活中我们往往是"重形轻神",本末倒置,所以常常不快乐,怨天尤人。

几位年轻人一起去拜访他们的大学老师。当老师问起他们生活得怎么样时,大家都牢骚满腹,纷纷诉说着生活的不如意:工作压力大,房价上涨,物价上涨……一时间,大家仿佛都成了生活的弃儿。

松开手，世界就在你手中

老师笑而不语，从房间里拿出许许多多的杯子，摆在茶几上。这些杯子各式各样，有瓷器的，有玻璃的，有塑料的，有的杯子看起来高贵典雅，有的杯子看起来粗陋低廉……老师说："你们都是我的学生，我就不把你们当客人看待了。你们要是渴了，自己倒水喝吧。"

大家说得已经口干舌燥了，便纷纷拿了自己中意的杯子倒水喝。等大家手里都端了一杯水时，老师讲话了，他指着茶几上剩下的杯子说："大家有没有发现，你们挑选去的杯子都是最好看、最别致的杯子，而像这些塑料杯就没有人选它们。""我们并不觉得奇怪，谁都希望手里拿着的是一个好看的杯子。"年轻人回答。

老师说："这就是你们烦恼的根源。大家需要的是水，而不是杯子，但大家有意无意地会去选用好的杯子。这就如我们的生活。如果生活是水的话，那么，工作、金钱、地位这些东西就是杯子，它们只是我们用来盛起生活之水的工具。杯子的好坏，并不能影响水的质量，如果将心思花在杯子上，你哪有心情去品尝水的苦甜，这就是本末倒置、自寻烦恼。"

老子说："祸莫大于不知足，咎莫大于欲得。"意思是最大的祸害是不知足，最大的过失是贪得的欲望。孔子说："不义而富且贵，于我如浮云。"把不义之财看作浮云一样，分毫不取，弄清楚什么该拿，什么不该拿，只取自己当得之名，当得之利，这叫适可而止，是做人的一种大智慧。

因此，对待金钱我们应有这样的认识：钱财乃身外之物，生不带来死不带去。金钱是为人的生活服务的，人不可做钱财的奴隶。金钱只是交换的一种媒介物，只有在交换过程中才能体现它的价值，不要将钱深藏于地下。

第六章 知足常乐——顺其自然人生更自在

刻意追求反而更惆怅

人生有很多的风景，但并不是每一处我们都能够撷取，适可而止是一种大智慧。适可而止说的就是一个度，过了这个度就与原本的意愿相违背了。

人生就是充满缺陷的旅程，从哲学意义上讲，人永远不会满足于自己的思维、自己的生存环境和生活水准，这就决定人类要不断创造和追求，假若事事都做到十分，难道不是一种停滞吗？哪里还有追求的动力呢？人的欲念无止境，当得到不少时，仍指望得到更多。一个贪求厚利、永不知足的人，等于是在愚弄自己。贪婪是一切罪恶之源。贪婪能令人忘却一切，甚至自己的人格。贪婪令人丧失理智，做出愚昧不堪的行为。因此，我们真正应当采取的态度是：远离贪婪，适可而止，知足常乐。

一生中我们想要得到的东西很多很多，可又有谁知道，我们得到了想要的某种东西的同时，又失去了什么呢？2000多年前的老子清醒地认识到人类贪欲自私的弱点，告诫世人千万要注意，不要因追名逐利而丧生，要克制自己的欲望，"见素抱朴，少私寡欲"，顺应自然，知足知止。要知道"甚爱必大费，多藏必厚亡"的道理，物极必反，过分的爱惜会导致极大的耗费，过多的敛取必定导致重大的损失，盛极而衰是已被历史证明了的。所以，在名与利、得与失上，要时刻保持清醒的头脑和明智的选择，只有这样，才可以"知足不辱，知止不殆"，我们的生命、名声、利益才可以长久。

对于人生、事业的追求，有人把适可而止与遗憾看成是对等的。其实，一个人只要是按照自己所能承载的度适可而止的话，那便没有什么遗憾。

松开手，世界就在你手中

人生有很多的风景，但并不是每一处我们都能够撷取，适可而止是一种大智慧。适可而止说的就是一个度，过了这个度就与原本的意愿相违背了。

适可而止是一种境界，也是一种睿智。人要奋斗，要进步，但适可而止会让我们明白在哪里是需要止步的。学会停止是对生命的尊重和敬畏，也是对生活的珍视和负责。每个人的生命和能力都有自己的极限，超过这个极限可能就会适得其反。不顾自己所能承受的能力而一味地勇往直前，是对生命的不负责。人的生命只有一次，和生命相比，无论怎样的高度都是次要的，正确地估价自己的能力，量力而行、适可而止，才能描绘出人生最美的图景。

有个年轻人问洞山智者："如何回避寒暑？"

洞山答道："何不向无寒暑处？"

年轻人又问："如何是无寒暑处？"

洞山又答："寒时寒杀阇梨，热时热杀阇梨。"

洞山智者最后一句话的意思是："寒冷时彻底与寒冷打成一片，炎热时彻底与炎热浑然合一。"猛一听这话，觉得很玄乎，细究之下，其实就是"顺其自然"。

人生之旅，不知要过多少个寒暑，其实天气的寒暑易过，真正难过的倒是我们事业、生活、感情、学业等方面的"寒暑"。造化弄人，每个人往往不可能终其一生都是一马平川、一生坦途，这种情况之下，我们要真正地认识生命、认识人生，做出最大的对策，那就是用洞山智者所悟的理——"顺其自然"。

智者说要与炎热、严寒浑然一体，要"顺其自然"，也即炎热时享受炎热的乐趣，寒冷时享受寒冷的乐趣。人生之旅，成功时就分享成功的喜悦，失败时就享受失败的乐趣，摒弃痛苦与绝望，时常保持旺盛的生命力与活力，保持一种恬淡快乐的心情，保持一种无欲无求、无拘无束、无挂无碍的上好心境，成也是成，败也是败，做自己愿意做的事，吃自己爱吃的饭。如此心境，何等洒脱，何等自在！

第六章 知足常乐——顺其自然人生更自在

知足，就是不强求

在现实生活中，"足"是暂时的，而"不足"却是永恒的。如果一个人时时处处以"足"作为目标来追求，那他得到的将是时时处处的"不足"。

人的欲望是没有止境的，人们为了追求更高的目标和享受而奔波忙碌、拼搏奋斗，无可厚非。但是，社会和生活所能满足的欲望总是有限的。

一位哲人曾说过，人生苦恼的最根本原因就在于，每个个体因为其需要的多样性，与满足其需要的能力的有限性形成了矛盾。这种矛盾是人生的矛盾焦点，这种矛盾存在于每个个体的身上，只不过有些人的矛盾会表现得更突出、更尖锐、更激化。

人的苦恼来源于自身的欲望。有欲望、有需要并没有什么错。人的这种非自足性、非完满性会激发人的斗志，让人奋发图强，推动社会向前发展。可很多人错就错在对自己的现实生活不满，于是不断地追求、索取，以为这样就能获得快乐。

而快乐与知足有关，只有知足后心境才能平和，待人才能慈祥，微笑才能自然。虽然一日三餐清茶淡饭，也能够享受生命的天伦之乐。这种人生境界是整日泡在荣华富贵之中、而又永远没有满足感的人所无法想象的。

一人在岸边垂钓，旁边几名游客在欣赏海景，只见垂钓者竿子一扬，钓上了一条大鱼，足有两尺多长，落在岸上后，仍腾跳不止。可是钓者却解下鱼嘴内的钓钩，顺手将鱼丢进了海里。

围观的人一阵惊呼，这么大的鱼还不能令他满意，可见垂钓者雄心之大。

松开手，世界就在你手中

就在众人屏息以待之际，钓者鱼竿又是一扬，这次钓上的只是一条一尺长的鱼，钓者仍是不看一眼，顺手扔进海里。

第三次，钓者的钓竿再次扬起，只见钓线末端钓着一条不到半尺长的小鱼。围观众人以为这条鱼也肯定会被放回，不料钓者却将鱼解下，小心地放回自己的鱼篓中。

游客百思不得其解，就问钓者为何舍大而取小。

钓者回答说："哦，因为我家里最大的盘子只不过一尺长，太大的鱼钓回去，盘子也装不下，所以只好要小的，其实小鱼挺好，做起来也没那么麻烦。"

在现实生活中，"足"是暂时的，而"不足"却是永恒的。如果一个人时时处处以"足"作为目标来追求，那他得到的将是时时处处的"不足"。反之，如果一个人时时处处以"不足"对生活的事实予以理解和接纳，那么他对自己的感受反倒是时时处处是"足"的。

"足"和"不足"是对立的，但是，也是辩证的。知"不足"，所以，才知"足"；不知"不足"，所以，才不"知足"。知"不足"，才可以知足；不知足，便总是"不足"。足不足是物性的，知不知则是人性的。以人性驾驭物性，便是知足；让物性牵制人性，就是不知足。足不足在于物，非人力所为；知不知在于人，非贫富贵贱所左右。

1. 平淡者知足

人生最大的烦恼不在自己拥有得太少，而在自己向往得太多。庄子云："其嗜欲深者，其天机浅。"就是说一个人的欲望多了，就缺少智慧与灵性。所以，一个人要时刻节制嗜欲，减少思虑，弃除烦躁，杜绝尘劳，省精保神，以平淡的心态对待生活的诱惑和干扰，让自己的灵魂安然于梦。但是，安守平淡，并不是不求进取，也不是无所作为，放弃追求，而是要以一种平淡的心态来对待人生。

2. 俭朴者知足

"俭朴"自古以来就是中华民族的传统美德，俭朴的生活方式使一个人的内心感到充实。有恬淡修养的人,在物质上永远感到满足。所以,俭朴者时时都感到快乐,处处都觉得幸福。反之,物欲愈多,人想要享受和占有的欲望就愈大,随之带来的痛苦、烦恼也就愈多。

3. 惜福者知足

古人云:人生在福中要知福。人生福禄,都有定数。珍惜福分的人,福常有余。暴殄天物的人,福常不足。知道无忧无虑的生活来之不易,知道还有人比自己生活得更辛苦,也就是俗话说的:比上不足,比下有余,这就是一种难得的福分。有了这种心态,我们才不会小看这一福分,也不会浪费这一福分,更不会养成奢靡颓废的习惯。

宇宙万物都有其玄机,生老病死、贫贱富贵,太多事、太多时候是人力所不可及的。知足者当然知命,绝不贪得无厌,知道什么都要适可而止,见好就收。所谓认命,就是承认和接受现实,绝不进行抗争。所以一切不幸和苦难对知足者来说,都是一种必然,没有什么必要去痛哭流涕。与其怨天尤人,在痛苦思索中消亡,不如找到一个好的方法尽快地解脱自己、解脱痛苦,也许命运从此会有转机。相信缘分、知足常乐,反映出一种理性的成熟,是一种长期生活阅历的沉积和对人生的感悟。

不知足,就会心累

乐观的态度是孤独沙漠中一串悠扬的驼铃,是清澈小溪中一尾游动的鱼,是嘈杂乱世中一处安静的屋舍。它教会我们在痛苦中享受生活,在浩瀚无垠的长河中体味生命的真谛。

松开手，世界就在你手中

一位哲人曾说过："你来到人世间，要想活得潇洒，活得自在，活得快乐，就应该有一种乐观向上的情怀。"有了乐观的情怀，面对任何危难就都不会恐惧、不会忧郁、不会烦恼了。

生活中越来越多的人觉得自己被实实在在的生活压得喘不过气来。不堪承受生命之重，因为他们被占有物质财富——好房、名车、高收入、高开销等欲望折磨得疲惫不堪。其实，物质财富并不像很多人想象的那样重要。有许许多多的人是在令人难以察觉的绝望状态下生活的，这在工业化程度较高的西方国家，情况尤其严重。事实已经证明，物质财富是一种很差的衡量快乐的标准，因为人们并没有随着社会财富的增加而变得更加快乐。

我们总是把拥有物质的多少、外表形象的好坏看得过于重要，用金钱、精力和时间换取一种有目共睹的优越生活，却没有察觉自己的内心在一天天枯萎。事实上，只有真实的自我才能让人真正地容光焕发，当我们只为快乐的自己而活，而不在乎外在的虚荣，快乐幸福感才会润泽我们干枯的心灵，就如同雨露滋润干涸的土地。我们需求得越少，得到的快乐就越多。

但我们常常会有一种挤压感，一种身居哪里都被压得喘不过气来的挤压，不合时宜的感觉处处为难我们，迷乱了我们对生活的憧憬和热爱。一天天变化的人，一天天变化的社会环境，让我们觉得有些措手不及，我们渴望轻松和快乐，可是却往往找不到通向轻松和快乐的通道，只有沉重的感觉如影相随地跟着我们。

有时我们的内心充满了紧张压抑感，是因为我们对不可预知的未来充满了忧虑和恐惧，总担心有什么灾难会突然降临到我们头上，俗话说："月有阴晴圆缺，人有旦夕祸福。"这就是说，现实要比人们想象的复杂得多，有时并不是我们所遭遇的环境使我们受到挫折，而是由于我们自己的想象。

一个青年背着个大包裹千里迢迢跑来找无际大师，他说："大师，我是那样的孤独、痛苦和寂寞，长期的跋涉使我疲倦到极点；我的鞋子破了，荆棘割破了双脚；手也受伤了，流血不止；嗓子因为长久的呼喊而喑哑……为

第六章 知足常乐——顺其自然人生更自在

什么我还不能找到心中的阳光?"

大师问:"你的大包裹里装的什么?"

青年说:"它对我可重要了。里面装的是我每一次跌倒时的痛苦,每一次受伤后的哭泣,每一次孤寂时的烦恼……靠它,我才能走到您这儿来。"

无际大师带青年来到河边,他们坐船过了河。

上岸后,大师说:"你扛上船赶路吧!"

"什么,扛上船赶路?"

青年很惊讶:"它那么沉,我扛得动吗?"

"是的,孩子,你扛不动它,"大师微微一笑,"过河时,船是有用的。但过了河,我们就要放下船赶路,否则,它会变成我们的包袱。痛苦、孤独、寂寞、灾难、眼泪,这些对人生都是有用的,它能使生命得到升华,但须臾不忘,就成了人生的包袱。放下它吧!孩子,生命不能负重太多。"

青年放下包袱,继续赶路,他发觉自己的步子轻松而愉悦,比以前快多了。

原来,生命是可以不必如此沉重的。其实,人这一生能得到什么呢?只有过程,只有注满在这个过程中的心情,所以,一定要注满好心情。既然失败已经无可挽回,为什么不将注意力转移开来,将自身的强烈痛苦化为永恒的美好?何必苦苦执着于那些令自己不愉快的事物上,坚持做一个可歌可泣的悲剧英雄?

乐观的态度是孤独沙漠中一串悠扬的驼铃,是清澈小溪中一尾游动的鱼,是嘈杂乱世中一处安静的屋舍。它教会我们在痛苦中享受生活,在浩瀚无垠的长河中体味生命的真谛。

有时候,人的承受力远远超出我们的想象。人总是在遭遇一次重创之后,才会明确地认识到自己的坚强和坚韧。因此,无论遭遇了什么磨难,都不要一味地抱怨命运是多么的不公平,甚至从此悲观失望,厌倦世俗。在充满苦难的生命中,没有过不去的事,只有过不去的人。

> 松开手,世界就在你手中

燕妮与马克思可谓是一对患难夫妻,他们十分相爱,但命运却喜欢刁难他们,在马克思被排挤的灰色时期,他们一家人只能用甘薯充饥,在寒冷的冬日的夜晚,他们一家人挤在一张狭小的床上。马克思写好的论文无法寄往城市,因为没有邮费,他们的孩子不得不退学,最后,孩子因为没有钱治病死在家中,燕妮与马克思连埋葬孩子的钱都没有。可就是在这种痛苦的环境下,燕妮说,她最快乐、最幸福的时刻,就是在灯光下为马克思整理潦草的笔记。

命运带给燕妮痛苦的生活,让她体味到世间疾苦,而坚强的燕妮在这样恶劣的环境下,仍能体会到幸福与快乐。可见燕妮是个懂得享受生活的人,她懂得了生命的真谛,她是真正活着的人。

寻寻觅觅,何时让生命本色回归自然?何时在精神泥潭中突围?何时能锁定新的人生坐标?何时让满是皱纹的心灵舒展?人为什么要充满烦恼呢?人为什么要痛苦呢?其实,烦恼与痛苦是每个人都会遇到的事情。有的人深陷其中而难以自拔,而有的人却能够坚强地走出来。其实,当烦恼与痛苦找上自己时,我们要明白,它们并不是永恒的,它们终会过去的。

岁月蹉跎,时光荏苒,试问又有谁能跳出红尘逍遥自在呢?人活着便注定奔波与劳碌,我们所能做的就是别让心太累。请相信,那些生命中不能承受之重终会随风飘散,而快乐也会找上我们的。

知足者贫穷亦乐

"想想疾病苦,无病即是福;想想饥寒苦,温饱即是福;想想生活苦,达观即是福;想想乱世苦,平安即是福;想想牢狱苦,安分即是福;莫羡人家

第六章 知足常乐——顺其自然人生更自在

生活好,还有人家比我差;莫叹自己命运薄,还有他人比我厄……"

一天,小郭正在路边散步,这时,他看到路旁有个小男孩在号啕大哭,于是就走过去问:"小朋友,你为何哭得如此伤心?"

小男孩揉着眼睛说:"我刚才跑得太快,不小心丢失了10元钱。"

小郭看他这么伤心,于是,从腰包里掏出10元钱给了这个小男孩。

小男孩拿到钱后,怯生生地说了声"谢谢"。小郭笑了笑,然后继续一个人散步。半个小时后,他又转回了那个地方,谁知却看见那个男孩还没有走,反而哭得更凶了。

小郭一看,不由大惑不解,就问小男孩:"我不是已经给了你10元钱吗?为什么还哭呢?"

小男孩回答说:"如果我先前不丢失那10元钱就好了,那我现在就有20元了。"

小郭愣了愣,说:"算了,你也别这么想了,你就当没丢过钱,就当我从来没给过你钱,你的这10元钱还是你自己的,这样不就好了吗?"

"不好不好,"小男孩大叫道,"要是我还有10元钱,我就可以买一把更好的手枪,而不是买最便宜的!"

"这……"小郭听到小男孩如此回答自己,不知道刚才给他钱的行为是对还是错。不得已,他摇着头走开了。走出了很远,他还听到小男孩的哭声:"我要买更好的,我要买更好的……"

可以说,"知足"与"不知足"是人类最大的心理矛盾。人们就是在这对矛盾中生活了一辈子,工作了一辈子,奋斗了一辈子,也较量了一辈子。人的"知足"与"不知足"都具有二重性,既有积极的一面,又有消极的一面,关键是能否摆正位置,并正确把握其中的"度"。谁把位置摆正了,谁就能化消极因素为积极因素,谁就掌握了通向成功、通向幸福的钥匙。

当然,"知足常乐"并不是一种不思进取的处世态度,用现代经济学的

松开手，世界就在你手中

观点来说，"知足常乐"是指在有限资源与无穷欲望之间找出一个平衡点，并努力将这种平衡状态维持下去的生活态度。用现代心理学解释，所谓"知足常乐"，就是尽量使自身的承受能力与需求保持相对平衡的一种状态，它是一种积极的生活态度，是一种智慧的处世方式。知足于当下所拥有的，就等于削减了内心的欲望。但是，生活中并不是每个人都懂得这个道理，人们总是得到一些之后，还想得到更多，最终让自己失去快乐。

从前有一位国王拥有荣华富贵，照理，他应该满足，应该过得快乐，但事实上他内心过得并不快乐。国王自己也十分纳闷，为什么对自己的生活还十分不满意，为什么不能快乐起来呢？

有一天，国王很早就起床了，他随意在王宫四处转悠。国王无意间走到了御膳房，看到里面有一个厨子在快乐地哼着小曲，脸上洋溢着幸福的表情。

国王很奇怪，问那个厨子为何如此快乐。厨子答道："我有一间草屋，肚子里不缺暖食，家里有贤惠的妻子和可爱的儿子，这样美满的生活，你说我能不快乐吗？"

听到这里，国王就明白了。随后，国王就与朝中的宰相讨论这个厨子的快乐，宰相说："陛下，我认为这个厨子还没有成为99一族。"

国王惊讶地问道："何谓99一族呢？"

宰相答道："您只要做这样一件事情就可以确切地明白什么是99一族了。准备一个包袱，在里面放进去99枚金币，然后把这个包袱放在那个厨子的家门口，您很快就可以明白一切了。"

国王按照宰相所言，命人将一个装有99枚金币的包袱放在那个快乐的厨子家门口。厨子回家的时候，发现了门前的包袱，好奇地把包袱打开，先是惊诧，然后狂喜：金币！怎么这么多金币！厨子将包里的金币全部倒出来，清点了3遍，都是99枚。他心中开始纳闷：没理由只有99枚啊？哪有人会只装99枚啊？那一枚掉到哪里去了呢？于是他就开始到处寻找，找遍了整个院子也没有找到，心情沮丧到了极点。

第六章　知足常乐——顺其自然人生更自在

于是，他决定从明天起加倍努力工作，争取早一天挣回那一枚金币。晚上由于找那枚金币太辛苦，第二天早上便起来得有点晚，情绪也坏到了极点，他对妻子与孩子大吼大叫，不停地责骂他们没有及时把自己叫醒，影响了他早日挣回那一枚金币的梦想。

从那以后，他每天匆匆忙忙地来到御膳房。为了多挣钱，他也不像以前那么兴高采烈地哼小曲、吹口哨了，只是埋头拼命地干活，一点儿也没有注意到国王正在悄悄地观察他。

国王看到原本快乐的厨子心情变得如此沮丧，十分不解，就问宰相："他已经得到那么多金币，应该比以前更快乐才对，可为何他不快乐呢？"

宰相对国王说："陛下，您现在看到的厨子就是99一族中的成员了。他们拥有很多，但是从来不懂得满足，他们拼命地工作，只为了额外地得到那个'1'，为了尽早实现那个'100'。原本快乐、轻松的生活，只因为忽然出现了能够凑足100的可能性，就变得不快乐了。他们竭尽全力去追求那个毫无任何意义的'1'，不惜付出失去快乐的代价，这就是99一族的人。"

"知足常乐"语出《老子·俭欲》："咎莫大于欲得，祸莫大于不知足。故知足之足，常足矣。"意思是说：最大的罪恶没有大过于放纵欲望的了；最大的祸患没有大过不知满足的了；最大的过失也没有大过于贪得无厌的了。所以，内心知道满足的人，永远会感到快乐。厨子的经历告诉我们"知足者贫穷亦乐，不知足者富贵亦忧"的道理。所以，快乐是与富贵、贫穷无关的，关键取决于我们内心是否满足。

真正的快乐不是拥有得多，而是内心的欲求少。我们活着就应该知足，如果从未经历过战争的危险、被囚禁的孤寂、受折磨的痛苦和忍饥挨饿的难受……我们已经好过世界上5亿人；如果冰箱里有食物，有屋栖身，我们已经比世界上70%的人更富有；如果积极地去握一个人的手，拥抱他或者只是在他的肩膀上拍一下，那么，我们真的很幸福，因为我们现在所做的，已经等同上帝才能做到的。就像歌中唱的那样："想想疾病苦，无病即是福；想想饥寒苦,温饱即是福;想想生活苦,达观即是福;想想乱世苦,平安即是福;想想牢狱苦,安分即是福;莫羡人家生活好,还有人家比我差;莫叹自己命运薄,还有他人比我厄……"

随着现代生活节奏的加快,在各种压力不断增加的今天,聪明的处世方式应该为:相对的知足,绝对的追求。知足常乐,就是要求人们肯定当下的生命,满足于当下的获得与快乐,心中有了满足感,快乐也就来临了。

可以比,但绝不能攀比

我们的人生不会因攀比而绚丽,却因奋斗而壮丽;我们的心灵不会因攀比而高贵,却因摒弃了攀比而更加纯净;同样,我们的生活不会因攀比而美好,我们的事业不会因攀比而成功。

人最忌讳的就是跟别人盲目地攀比。攀比,会让心态受到影响,生活充满负担。

跟人攀比似乎是人的天性。在一些人眼中,似乎只有通过攀比才能知道自己比别人过得好、过得幸福,别人比自己更悲惨、更不幸。当还是学生时,攀比的是成绩;当有了工作时,攀比的是薪水;当有了家庭时,攀比的是住得是否宽敞;当有了儿女时,攀比的是孩子是否聪明、争气;当安享晚年时,攀比的是儿女是否成功。

在心理学上,攀比被定义为中性略偏阴性的心理特征。在这种心理特征下,当一个人发现自身与参照个体发生偏差时,便会产生负面情绪。因此,王后便会去杀害比自己更美丽的白雪公主,而普通人就会在内心里看不起对

第六章 知足常乐——顺其自然人生更自在

方,甚至埋怨他人。攀比通常会加大自身某一方面的需要,增强人的虚荣心,并因此而导致极端事情的发生。

我们可以与他人比,但绝不能攀比。比较心地的善良,可以养成纯美的心灵;比较刚毅坚强的性格,更能面对人生坎坷;比较爱的付出,可以让爱的玫瑰始终芬芳;比较知识、比较思考、比较创造、比较成功,可以迸发出思维的火花,可以激起奋斗的激情,可以让人的精神世界更丰富多彩,让人的一生更加美丽多姿。

有这样一个女老板,她年薪百万,有别墅,有名车,事业成功,而且家庭也很幸福。儿子聪明漂亮,老公也是某企业的主管之一。

这样的三口之家应该很让人羡慕了,但这个女老板却成天烦恼、怨声载道,逢人便说:她当年的同学有的当了大官,有的每年能挣几千万,有的开着世界名车,有的住着顶级豪宅。

一次,在同学聚会上,她看到别人那么成功,心理很不平衡。虽然老公工作不错,但她还是责怪不已,说自己当年嫁错了人,自己年轻时要是不听老公的规劝,一定会更有钱。

攀比心,打乱了她内心的平衡,也打破了家庭的平衡。老公的自尊心受到严重挫伤,两人的感情变得冷漠。攀比就这样毁了一个家庭的幸福。

人往往就是这样,就因为没有得到,才觉得珍贵,才觉得神秘。就因为自己难以得到,就越是想努力去追求、努力去拥有。但好像每个人最想拥有的东西总是很难得到的,这是因为人的追求永无止境,总是想去追求一些自己很难得到的东西。而一旦拥有了,就会又去追求另外的东西。

攀比是一种包袱,它会让我们的正常生活失去平衡,还妨碍我们的精神世界和心理健康。当人们在攀比时,对事物的价值判断不是来自内在,而是来自别人眼中的肯定,是以自己的行为去表现别人的观点,并从中得到肯定,感到欣喜。被否定的时候又平添了不必要的悲伤。"攀比"下面隐藏着很多危险人格,忌妒、焦虑、讨好、沮丧、恐惧……这些潜藏的因素会导致恶性关系，恶性关系又会循环产生危险人格，如此反复，会让自己的精神陷入紧张，承担不必要的压力。

当然，我们所说的绝不是不思进取、浑浑噩噩地过日子，而是在经过自己的不懈追求后，即使别人在为拥有高楼大厦高兴的时候，我们也会为拥有一张床或一张席子而高兴；别人在为拥有一辆汽车而高兴的时候，我们也会为拥有一辆自行车而高兴……那些力所不及、好高骛远和不切实际的盲目攀比还是少些为好，更不能为那些不切实际的想法，而去挖空心思、不择手段，那将是十分危险的。

我们的人生不会因攀比而绚丽，却会因奋斗而壮丽；我们的心灵不会因攀比而高贵，却会因摒弃了攀比而更加纯净；同样，我们的生活不会因攀比而美好，我们的事业不会因攀比而成功。

每个人都有自己的快乐和幸福，我们并不需要通过跟人攀比来找到，而是要用自己的内心去发现、去品尝。每个人都有权利拥有自然真实的生活，这也是所有人的期望，生活需要的并不多：房子再大，一张床足矣；佳肴再多，一碗饭足矣。少一些外在的攀比，就会多一份内心的平静，也会多出一份喜悦和快乐。

快乐来源于不比较、不计较

当我们觉得自己缺少某种东西极力想要时，快乐就开始从身边溜走。跟他人比较，计较得失，往往会让自己置身于痛苦之中，从而失去快乐。

在现实生活中，人们都习惯于和他人进行比较：与邻居比，与朋友比，

第六章 知足常乐——顺其自然人生更自在

与亲戚比，甚至与兄弟姐妹爱人比；人们也习惯于比房子、比车子、比面子，等等。有比较，就会有不平衡，不平衡然后就生气，"人比人气死人"就是这种心理的真实写照，因为比较出了不同，所以会计较其中的大小、得失，然后让自己痛苦不已。

快乐是什么？是对自己所拥有的感到高兴。当我们觉得自己缺少某种东西极力想要时，快乐就开始从身边溜走。跟他人比较，计较得失，往往会让自己置身于痛苦之中，从而失去快乐。

快乐很大程度上来自于对自己的肯定和满足。当一个人不顾一切地跟别人比较时，就会否定自己，就会从否定自己到效仿他人，然后到焦虑不安。其实，人与人是不同的，他人是他人，自己是自己，当我们拼命地往自己身上加不需要的东西时，就是在给自己制造痛苦。

快乐也来自于不计较，这种不计较不是盲目地否定，而是说要理性地看待自己的欲望。人活着都会有许多欲望，欲望过多，渐渐地就会欲求不满，到最后就演变成为满足自己的欲望而去伤害别人。因为有过多不必要的欲望，所以我们会去计较，物质上、精神上、人际交往上便难以避免问题。

凡事不与人比较，便不会有过多的欲望，也不会因为欲求不满而拼命索取。谦虚、知足往往能让人更快乐。每个人都有其过人之处，如果我们不懂得正确地看待自己，只是一味地觉得别人比自己优秀、厉害，这样就永远都不会成功，永远都不会满足，也永远都不会快乐。一山要比一山高，比较从来比不出满足和快乐。

快乐从哪里来？就是从自己的知足和富足中来的。如果沉迷于往日的辉煌，而不喜欢当下的平淡，只会感到失落；如果贪恋他人的成功，而不品尝自己的成绩，只会感到痛苦。不去跟人比较，是为了走好自己的路，不去跟人计较，能让自己有更好的心态。带着一份好心态走路，快乐便时刻伴随。

对自己满足、知足，需要我们做好自己的角色，而不是在和别人的比较中、对自己的计较中确立自己。

松开手，世界就在你手中

有这样一则寓言故事。

一天，森林主人被几只动物吵醒。它们说自己不快乐，希望森林主人能让它们变得快乐些。

森林主人想了想说："你们先做些选择吧，然后，我会根据你们的答案让你们更快乐些。"森林主人给动物们设置了一份问卷，让它们填写。

原来，每一个动物都不喜欢做自己，而是喜欢成为别人。在它们看来，那样才是快乐的、幸福的。

猫说："假如让我再活一次，我要做一只老鼠。我偷吃主人一条鱼，会被主人打个半死。而老鼠呢，可以在厨房翻箱倒柜，大吃大喝，人们对它也无可奈何。"

老鼠却说："假如让我再活一次，我要做一只猫，从生到死由主人供养，自由自在。"

平时里懒惰的猪说："假如我要再活一次，就要当一头牛。生活虽然苦点，但名声好。"它实在不喜欢自己的名声。

牛却说："假如让我再活一次，我愿做一头猪。我吃的是草，挤的是奶，干的是力气活，有谁给我评过功、发过奖？做猪多快活，吃罢睡，睡罢吃，肥头大耳，生活赛过神仙。"

平日里高翔的鹰觉得，假如自己能再活一次，一定要做一只鸡。渴有水，饿有米，住有房，还受主人保护。而现在的自己，一年四季漂泊在外，风吹雨淋，还要时刻提防明枪暗箭，活得太累。

鸡却羡慕起鹰来，假如让它再活一次，它愿做一只鹰，可以翱翔天空，任意捕兔捉鸡。而现在的自己除生蛋、司晨外，每天还胆战心惊，怕被捉被宰，惶惶不可终日。

森林主人看完后，气不打一处来，说："你们这些家伙只知道盲目比较，而不知足，难怪你们不快乐呢。"

比较、计较的结果无非是比别人强或者比别人差。有时，人们在比较时，

第六章 知足常乐——顺其自然人生更自在

拿自己的缺点跟别人的优点比，忽略了自己的优点。这样的比较就没有什么意义。其实，人们最该跟人比的是自己，学会自己跟自己比较。如果我们的人生是为了追求更高的层次，希望通过比较来达到的话，那么这个追求没有界限，也难以达到。当人们总是以"不断进步，不断超越别人"作为人生标准的时候，却忘了什么才是知足。如果我们凡事不与人计较，便不会有口角，也不会钩心斗角；如果我们凡事不与人比较，便不会有欲望，也不会欲求不满。因此，我们做人要谦虚、要知足，更要惜福。

第七章
释然忘怀——错过了就不要再留恋

> 人生犹如一部戏,我们每个人都是戏里的主角,每个人都不可能把自己的角色演到极致而不留一丝遗憾,没有遗憾的人生不是完整的人生。放下过去,还给自己自由,让自己生活得更好,这才是一段真正完美的历程。

第七章　释然忘怀——错过了就不要再留恋

人生没有回头路

如果一个人能有意识地把荣辱得失皆从容的心态融于生活的方方面面，那么他就会在所谓的失去或错过后体会到一种简单的幸福。

一场突如其来的大雨，让街上的行人都匆匆忙忙地往前跑，其中不乏形式各异的狼狈之相。

只有一个人不紧不慢，甚至可以说是以一副优雅的姿态在雨中踱步。

旁边跑过的人十分不解，大声冲他喊道："你怎么不快跑啊？"

那个人缓缓地答道："急什么，前面不也在下雨吗？"

我们不去评判这样的做法是否过激，但如果从另一个角度来看，当人们因突遭风雨而匆忙奔跑的时候，这个还能淡然、安定地欣赏雨景的人，一定是深谙从容生活智慧的。

世间有很多事情都是难以预料的，有时候，我们会受到幸运女神的眷顾，收获意想不到的幸福，例如爱情、受到老板的赏识，甚至买彩票中了大奖，等等；但同时也会突发一些状况，让人痛不欲生：生意的失败、与恋人分手、亲人的离去……

世事无常，人的一生中会遇到很多"不按常理出牌"的时候：或者大悲，或者大喜，春风得意的时候却突然发生一些让人灰心丧气的事情；正准备要努力挣钱的时候，突然之间，意外之财从天而降，让我们不知所措……

松开手，世界就在你手中

人们往往很难做到从容地面对意外，所以各种烦恼接踵而至。事物本身带给我们的影响远远不及我们面对时的态度。千百年来，范仲淹只有一个，真正能做到"不以物喜，不以己悲"的人寥寥无几。在现代社会巨大的竞争压力下，淡定从容就更显得是一种难得的境界了。

如果一个人能有意识地把荣辱得失皆从容的心态融于生活的方方面面，那么他就会在所谓的失去或错过后体会到一种简单的幸福。婚姻更是如此。

婚姻中，以一份平和的心态，安然地看待得失，得不忘形、失不落寞。如此，婚姻中相依相守的实质才会显现出来，因为真正美好的情感是不会被时间冲掉，也不会被空间带走的。那个真正爱我们的人永远都不会走，他有时只是站在我们看不到的地方，默默地关心和祝福着我们。这才是世界上最纯净而又恒远的幸福。

如果失去了，不妨调整心态、豁达胸襟，敢于面对现实，认真分析形势，更加珍惜现在的拥有。如果为一时的失去而耿耿于怀、不能自拔，就永远走不出"失"的阴影，看不到"得"的危险，那么，快乐与幸福将永远与我们无缘。

有一首耳熟能详的老歌中唱道："曾经在幽幽暗暗、反反复复中追问，才知道平平淡淡、从从容容才是真。"就像辜鸿铭先生说的，一个人如果能受得了一切寂寞与平淡，才算真正的修养到家。

世间有很多事情都是难以预料的。同时我们也应该认识到，在这个世界上，没有什么事物是永恒不变的。在这样的前提条件下，在遇到一切荣辱得失的变动时，我们就不会那样惊慌失措、患得患失，而会以淡定、从容之态面对各种突发和意外。

以下是一位离婚女士写的博客：

"你现在做什么呢？是不是已经结婚了，很快乐地过着自己的日子？我想了无数次要离开这里，离开这个伤心之地。但是我还有自己的责任，我必须挺住，直到最后一刻。多么希望那一刻早些到来，我可以微笑地走到另一个世界，微笑地看着你。能够每天看着你幸福地生活，我心满意足。

第七章 释然忘怀——错过了就不要再留恋

"可是对于现在发生的一切,我没有一点挽回的办法,我的心在哭泣、在流血。我愿意付出一切,来实现自己那平凡的心愿,哪怕下辈子受苦……"

这是一位有过 3 年婚姻,最后被婚姻背叛的女性写下的一番刻骨的话语。离婚后的日子里,没有人见过她的笑脸,而她也不能听到悲伤的情歌和与上段婚姻相关的词语。她说:"无论是闭上眼睛还是睁着眼睛,事情就好像发生在昨天,怎么也抹不去。"

就因为她始终走不出悲伤的情绪,让一段原本可以开始的崭新爱情戛然止步。

爱上她的是一个没有婚姻经历的小伙子。因工作接触,他爱上了她的温柔和善良。交往了一年后,小伙子向她提出回家见见父母,把婚事定下来。她却犹豫不决,虽然最后同意了,但那一天她还是爽约没有出现。最后,小伙子只好黯然离开。

失去一段人生中最缤纷的感情,其伤害对于婚姻中的双方而言,也许都是刻骨铭心的。生活的点点滴滴早已深深印在记忆里。可人生不会因为离婚就终止,不能因为错过了就绝望,人的一生难免有伤痛,但不要因为一场失败的婚姻就损毁了自己一生的幸福。

世界上只有两种可以称之为浪漫的情感,一种叫相濡以沫,另一种叫相忘于江湖。而人生中最令人惋惜的莫过于,因为错过了一棵树,就错过整片森林;因为摘不到一颗星星,就放弃整片天空;等年华不再时才发现,因为错过一次,所以错过了所有。

如果那个人能与自己相濡以沫,一生一世一双人,便是人生中最大的完满。但是,如若一生只爱一个永远得不到或错过了的人,那就是一种激烈的偏执。也许在不远的将来,当我们获得真正属于自己的幸福之后,自然就会明白以前的放弃其实是一种更好的得到。不能相濡以沫,就一定要相忘于江湖,否则,只会错过更多。

生活就像一条向前流淌的河流,从不回头。错过了、失去了,就一定要

> 松开手，世界就在你手中

坚定地放手。与不爱的人相忘于江湖，才能有机会与相爱的人相濡以沫。走出阴影，沐浴在明媚的阳光中。不管过去的一切多么痛苦，都将它们抛到九霄云外去吧，不要让担忧、恐惧、焦虑和遗憾消耗我们的精力。面对已经失去的，从容而淡然地接受，然后真实、勇敢、快乐地生活，这才是我们应该有的态度。

不是每一朵花都能如期开放

在生活中，当爱成为彼此间的一种束缚时，一定要学会放手，给彼此充分的自由，这样才能在对方面前保持起码的尊严，才能让爱成为生命中一种永恒的美丽。

男孩和女孩在一起 6 年了，女孩一直以为他们可以相爱到天长地久、海枯石烂。可是，就在她为他们的感情而憧憬幸福时，男孩却向女孩提出了分手。一时间，女孩觉得她的天塌了，她崩溃了。她跑到男孩的单位质问男孩为什么，男孩只是简单地说不爱了，说他们在一起太累了。

女孩很伤心，每天都以泪洗面，她还是不愿相信两个人的感情就这样没了。于是，她经常给男孩打电话，诉说她对他的思念之情，男孩很厌烦，但是女孩依然不放弃。

到后来，男孩很快就开始了一段新的感情，女孩到男孩的单位大叫大骂，最终男孩因为忍受不了女孩的过分纠缠，一气之下将女孩杀害了。

因为女孩不懂得放手，最终使爱成为一种伤害，得不偿失，令人十分遗憾。所以，在生活中，当爱成为彼此间的一种束缚时，一定要学会放手，给

第七章 释然忘怀——错过了就不要再留恋

彼此充分的自由，这样才能在对方面前保持起码的尊严，才能让爱成为生命中一种永恒的美丽。

给对方自由，也是给自己一份快乐与自由。要知道，人世间曾有太多的令人心碎的安排，过于执着只会给彼此带来疼痛、伤害。所以，我们要顺其自然，退一步海阔天空，学会放手，学会给对方以自由。给对方爱自己的自由，也给对方不爱自己的自由，这样，不也正是一种美丽吗？

天涯何处无芳草，人间自有真情在，自己的柔情一定会有人读懂。既然双方都疲惫了，不妨让彼此都休息一下，别在失去感情的同时也失去了自尊。这时候，我们可以静静地坐下来，抬头看看天、看看树，再洗把脸，听首歌，读一段小诗，照照镜子，看看里面的那双眼睛是不是还过于炽热。告诉自己：自己并没有失去什么，那些不属于自己的东西是注定得不到的。

不是每一朵花都能够如期开放，也并非每一朵开过的花都能结出果实来。对于感情来说，当爱一个人而得不到回报的时候，在付出千般努力也无法得到一个许诺的时候，在因爱而受伤的时候，千万不要再继续与自己较劲了，要学会放手，给彼此自由。否则，带给自己的只有无尽的痛苦和烦恼。

从前，有个书生在进京赶考前与他的未婚妻约好，等他回来后，就于某年某月某日与其结婚。

几个月过去了，书生从京城赶考回来了，而他的未婚妻却嫁给了别人。书生很受打击，心里难过极了，从此一病不起。

这时候，书生家门前路过一个僧人，说可以看好书生的病，书生就让其进了家门。僧人没有给书生把脉、开药方，而是从怀中拿出一面镜子给他看。书生看见镜中一片茫茫大海，一名遇害的女子衣不遮体地躺在海滩上，旁边路过了许多人，但是这些人都是看一眼，摇摇头就走开了。

后来，又路过一个人，将自己的衣服脱下来，将女子盖上后就走开了。一会儿，又经过一个人，他走过去，挖了一个坑，小心翼翼地将尸体掩埋了。

书生十分惊愕，那个僧人却对书生解释道："那具海滩上的女尸，就是

> 松开手，世界就在你手中

你未婚妻的前世。而你是路过的人，曾经给过她一件衣服。她今生只有缘与你相恋，只为还你一个人情。但是，她一生一世要报答的人是前世曾将她掩埋的那个人，那个人就是她现在的丈夫。"

书生大悟，病随之也就好了。

看了这个故事也许我们会感到释然。这个世界上没有永远的激情，也没有一成不变的事物。人生似花开花落，周而复始，没有永远不凋谢的花朵，没有永恒不变的感情！真爱一个人，不一定要拥有，如果爱一只鸟，就给它飞翔的自由，给它享受蓝天的自由，给它品味风雨的自由；爱一个人，就给他爱的自由，给他选择的自由和拒绝的自由，这是爱情的最高境界。

人生的风景并不是只有一处，在我们为逝去的美景哭泣的时候，眼前可能是一幅更美的画卷。不要沉醉于过去的情感，失去了这段情感意味着它不适合自己，一段更好的感情正在等待我们。不向前看，我们怎能看到远方的美景？不放下过去，我们怎么会获得自由？

人生犹如一部戏，我们每个人都是戏里的主角，每个人都不可能把自己的角色演到极致而不留一丝遗憾，没有遗憾的人生不是完整的人生。放下过去，还给彼此自由，让彼此生活得更好，这才是一段真正完美的感情。所以，当我们被某些事情缠绕得心力交瘁的时候，一定要告诉自己：只有放下，才能重获快乐和自由！

因为错过，才有今天的美好

错过有错过的美丽，错过并不意味着失去，而是意味着我们可以重新开始。

第七章 释然忘怀——错过了就不要再留恋

一个人坐在轮船的甲板上看报纸。突然一阵大风把他新买的帽子刮落到大海中，他用手摸了一下头，看看正在飘落的帽子，又继续看起报纸来。另一个人大惑不解地说："先生，你的帽子被刮入大海了！"

"知道了，谢谢！"他仍继续读报。

"可那帽子值几十美元呢！"

"是的，我正在考虑怎样省钱再买一顶呢！帽子丢了，我很心疼，可它还能回来吗？"说完那人又继续看起报纸来。

这就是人生。

在我们的生命中，有很多珍贵的东西，但我们却总因为这样或那样的原因没有及时地把握住，最终只能眼睁睁地看着它们远去，我们会为此哀伤、难过，认为自己可能永远失去了。其实，大可不必如此，在很多时候，错过有错过的美丽，错过并不意味着失去，而是意味着我们可以重新开始。

肖枫是一个事业有成的男人，而英是一个普通的上班族。

一天，突然下起了瓢泼大雨，英忘了带伞，她只好无奈地站在公交站牌下等车。雨下个不停，英的公交车还没有来。眼看着车站上的人一个又一个上车离去，英顿时很懊恼自己今天竟是如此的粗心。

肖枫开着车子在雨中行驶，他开得不是很快，他喜欢下雨，喜欢看雨中的一切，忽然一个靓丽的身影映入眼帘。在公交车站旁站着一个女孩，个子虽不高，但长得很有气质，雨水淋湿了她额前的秀发，肖枫看着看着，竟不由自主地放慢了车速，最后停在车站的路边。

一辆又一辆公交车来了又走，女孩依然在车站等待。也许是她的车还没来吧，肖枫这样想。其实眼前的英很让肖枫动心，雨中的她显得很纯净自然，就像一朵刚刚盛开的白玉兰，纯净得让人忍不住多看几眼。

肖枫就这么看着，他不知道自己能不能邀她上车，然后送她回家，因为他们素不相识，即使他邀请了她，她也未必会答应。肖枫在心里猜测着。

松开手，世界就在你手中

雨就这么下着，肖枫就这么看着，英就这么等着。

终于，英的车来了，她上车走了。肖枫看着她上了公交车，看着她在公交车里行走，他忽然觉得很失落。是因为她吗？为什么自己不邀她上车呢？难道自己真的喜欢上了一个素昧平生的女孩？肖枫摇了摇头，发动了车子。

就这样，肖枫和英继续着自己的生活，英并不知道那天有一个人在注视着她，并不知道当时的她在别人的心里激起了层层涟漪。

肖枫曾后悔自己没有走出车子，假如当初他走出了车子，也许他现在就知道她是谁了。可这都是假如。肖枫独自笑了笑，其实错过了也好，虽然错过了，但在他的心里留下了美好的回忆，这也是一件美事，何况自己真的邀请她上车，她也未必会同意。与其遭到拒绝，不如就这样错过，错过并不代表失去，更何况自己并没有得到她，哪来的失去呢？

人的一生总要错过很多，错过之后总会有人在遗憾、后悔，殊不知错过有错过的美丽。也许正是因为当初的错过，才成就了如今的完美。

生活中总有太多的错过，几多忧愁、几多相思。当我们停留在错过的遗憾的不经意间时，许多更美好的事物和回忆就会与我们擦肩而过。也许那些在不经意间错过的是美好的，但如果我们只停留在错过的伤感中，那么我们会错过更多。

人们总把错过和失去当成是人世间最遗憾的事情，但为什么不换个角度，把错过看作人生最美的邂逅呢？凭着自己对未来的憧憬，告诫自己努力前行，在每一个相思的日子里，在每一个翘首以待的时刻，幸福地过着今生的分分秒秒，这样的错过也是人生一道美丽的风景，或许，这一次的错过会是下次邂逅的开始。错过并不意味着失去，而是意味着更完美的开始。

面对这些无法把握的情感，也许我们能做的，就是无论付出多少，都要用心好好地去珍惜，努力去用心经营，纵然是无缘时的别离也罢，至少留给自己的不会那么遗憾。得到也罢，失去也罢，至少我们努力过。

不管爱情是怎样的结局，都不要忘了自己还有更远的路要走，还有更深

第七章 释然忘怀——错过了就不要再留恋

重的责任。爱情会痛，放弃同样也会痛。当昨日的幸福、痛楚在内心的坚忍中淡化成一道痕迹，在柔肠百转之后我们会恍然大悟：原来，还有更美好的爱情在身边。

我们身边的真情并不只是爱情，面对亲情和友情，我们同样要懂得珍惜，能够在这世间一起走过，同风雨、共甘苦，便是缘分。

幸福的彼岸或许就在脚下

对遗忘自己的人，我们不要恋恋不舍，别让爱成为苦果，那样最终伤害的还是自己，我们要懂得珍惜我们现在的生活。

杯子对主人说："我很寂寞，给我点儿水吧！"

主人问："如果你拥有了想要的水，就不会感到寂寞了吗？"

杯子说："应该是吧！"

于是，主人把开水倒进了杯子里。水很热，杯子感觉自己快要被融化了。它想这也许是爱情的力量；水慢慢地变温了，杯子感觉很舒服，它想这就是生活的感觉吧！水渐渐地冷却了，杯子很害怕，但它不知道自己到底怕什么，它想也许这就是失去的滋味吧！水凉透了，杯子很绝望，它想这是缘分的杰作吧！

杯子呼唤着主人："主人，我不需要水了，你把水倒出去吧！"可是，主人不在。杯子感觉自己压抑得快要死去，它开始憎恶凉凉的水，心里难过至极。

杯子用力一晃，水终于走出了杯子。杯子很开心，却不料自己掉在了地

松开手，世界就在你手中

上，摔碎了。临碎之前，它看到自己心里的每一个地方都有水的痕迹，这时杯子才明白，原来它深深地爱着水，可惜它再不能把水完整地放在心里了。

杯子在拥有水的时候没有珍惜，殊不知从热情到冷却是爱情的必经过程，无论怎样轰轰烈烈的爱情最终都要归于平淡的生活。最后，杯子失去了水，在它生命即将消逝的那一瞬间，它恍然大悟：失去了永远就失去了，后悔也无用。

无论是冗长还是短暂的恋情，若是能换来有情人终成眷属，在很多人看来就是爱情的完美结局。然而，幸福不是一劳永逸的，倘若不懂得珍惜彼此，美梦成真之时也许就是噩梦的开始。很多人就像寓言中的杯子，等到失去的时候才后悔当初不该轻易地错过，只可惜人生没有彩排，错过了就是一辈子。

"东风夜放花千树，更吹落，星如雨。宝马雕车香满路，凤箫声动，玉壶光转，一夜鱼龙舞。蛾儿雪柳黄金缕，笑语盈盈暗香去。众里寻他千百度，蓦然回首，那人却在，灯火阑珊处。"辛弃疾的一首《青玉案·元夕》，让古今多少痴情人信而往之。

当一份心仪已久的感情出现在我们面前时，要用心去珍惜。人生能有几次这样的心动？不是每一次回首，都能看见有人在那灯火阑珊处立而等待的。一旦发现了，就该去珍惜和爱护，彼岸的幸福其实就在脚下；天涯，亦咫尺。其实，我们的身边不乏一些人，苦苦追寻自己失去的爱情，抱着回忆不放，而忽视了身边真正爱自己的人。爱可能在一瞬间就会离自己远去，而对于失去的爱，不要再留恋，并不是谁离开了谁就无法生活。对遗忘自己的人，我们不要恋恋不舍，别让爱成为苦果，那样最终伤害的还是自己，我们要懂得珍惜我们现在的生活。

男孩和女孩在同一所学校。一天，女孩收到了男孩写给她的情书，女孩看了一眼信后的署名，说了一句极其伤人的话："如此不起眼的一个男生凭什么追求我？"那时她有资本，不仅年轻漂亮，并且特别聪明，学习成绩在学校里每次都是第一，女孩在男生的眼里简直就是可望而不可及。

第七章 释然忘怀——错过了就不要再留恋

男孩听到女孩甚是伤人的话后并没有伤心，而是认真说道："凭爱，爱有公平的权利！"她被他这句话怔住了，看了男孩好半天，然后，漫不经心地甩下一句："那你就耐心地在后面排队吧！"

元旦，学校组织舞会，学校里的白马王子枫深情地向女孩表白："我爱你，我想让你陪伴我一辈子！"女孩被枫折服了。女孩幸福地任她的王子紧紧拥抱着，心甘情愿地被这位王子牵走了那颗骄傲的心。枫出自名门，既聪明又帅气，对她更是痴迷心醉。于是，在众多的追求者中，女孩选择了枫。女孩在偶尔间的回眸中，看到了那个苦苦追求自己的男孩，男孩在欢呼的人群中默默地走开了。

然而，期望总是与现实相背离，好景不长。枫毕业后就去了国外，留下的是女孩无尽缠绵的相思和眼泪。女孩依然等着远方看不到的枫。这时，那个男孩仍然是执着地不离不弃，他问她："现在，我在你心中排在第几位？"女孩掉下了眼泪，她被他的爱感动了，她决定嫁给他。

"现在请新人交换戒指。"证婚人拿着话筒中规中矩地主持男孩和女孩的婚礼。可是，女孩突然惊慌失措地跑开了。"感动并不能代表爱情，我不能因为感动而步入婚姻。"女孩如是说。女孩离开了，她在信中写道："给我3年的时间，在这3年里我们都可以交朋友，如果心里真的离不开对方，我就回来，嫁给你做你的老婆。"在之后的3年里，女孩试着去忘记枫，在最后的一年，女孩也试着和另一个男人谈恋爱，有一天那个男人喝醉了酒居然打了她。随后，她拼命地朝着车站的方向跑去……她终于想通了，原本如古井般的内心早已因为那个男孩而流出了暖暖的爱意。一路上，她不停地对自己说："我要站在他的面前，然后告诉他：我爱你。"

男孩家的门开了，可是她却看到他的身后站着一个漂亮、纯净的女孩，男孩走过来对她说："这是我的女朋友，她来为我过生日。"女孩的大脑里一片空白，很久以后她淡淡地笑着对男孩说："我出差路过这里，来看看你……"

松开手，世界就在你手中

男孩送走女孩时，悠悠地说道："你从来都不记得我的生日。"

女孩背过身，眼泪控制不住地涌出来。一个爱了她那么多年的男人的生日，她竟一次也没有记住过，因为一直在等枫，最后却让自己失去了真爱。

我们念念不忘曾经为那个他而付出的温柔，相见时爱，离别时爱，在故人早已离去的时候依然难以忘怀曾经许下的诺言。当我们被命运散落在清凉的寂寞中时，就拼命地追求繁华，想让那火红的生活燃烧自己的生命；当我们被繁华重重包围之时，精神却疯狂地寻求突围，总觉得繁华好似指间沙，握不住，留不下，想让那清凉的寂寞来冷却一下炙热的灵魂。

其实，我们需要的，只是简单地聆听内心的声音，跟着感觉走，爱情其实一直都在灯火阑珊处，无奈人却是雾里看花摸不透。在爱情的道路上，一味地向前走，以为幸福就在前方，殊不知，在身后的某个地方，有个人一直在原点等着我们，默默地守候。幸福的彼岸，或许就在脚下。昂扬地环顾四周时，无意中低头一看，却发现真爱就在那里，简单得令我们几乎认为自己从来不曾拥有。

谁也预料不到自己会在什么时候遇见什么样的人。人生总是很奇怪，每天，我们总是在熙熙攘攘的人群中擦肩而过，也许在我们曾经年少时，也会偶尔留意从身旁匆忙走过的人，幻想着如果在街上相遇也是一种缘分，然后在阳光下笑自己太傻、太天真，怎能去幻想那种美好又浪漫的相遇？想起一个人的孤单落寞，转身却望见阑珊处的他，心里的幸福才如春天里疯长的花藤枝蔓。遇见爱，如此简单，又如此难得。唯有彼此珍惜、相持相携，才是岁月静好里最美的风景。

第七章 释然忘怀——错过了就不要再留恋

当下拥有的才是最幸福的

既然已经选择了分手，必定会有一些怎么也不能够在一起的理由。既然如此，又何必因为过去的虚无而错失现在的幸福呢？

曾经，有一对情侣很甜蜜。

女孩总喜欢问自己的男友："是我好，还是你以前的女朋友好？"或者是："是我漂亮，还是你以前的女朋友漂亮？"每次，男孩都会被这样的问题弄得既尴尬又扫兴。

一次，女孩无意中得知男友的银行卡密码是他前任女朋友的生日，女孩大发雷霆，觉得男友还爱着以前的女孩，很伤心地向男孩提出分手。

这一次，男孩也很生气，但他认真地对女孩说："我们感情这么好，为什么非要总把以前的事情摆在眼前，让我们两个人起争执呢？我爱的是现在的你，不是过去的她。不要再去比较了，那是没有意义的！"

女孩仔细想了想，认识到是自己太任性了，总是去碰触他曾经的伤疤，也许他回想起来会更痛苦。既然他现在选择的是和自己在一起，那么又何必在意他的过去呢？于是，两个人和好如初。

比较，多数会带来许多阴暗和不愉快的感觉，比较也是在挑拨我们的野心，在诋毁我们已努力过的一切，让所得到的也变得毫无生机和意义。比较是危险的，它让我们总是忽略或不满意手中已经拥有的，而一旦忽视，已拥有的就会悄悄溜走。

其实，真诚的爱都是一样的。但既然已经选择了分手，必定会有一些怎

松开手，世界就在你手中

么也不能够在一起的理由。既然如此，又何必因为过去的虚无而错失现在的幸福呢？对对方的宽容，也是对感情的宽容，更是对自己的宽容，不要在比较中把握不住现在的拥有。

另一方面，比较会让人上瘾。只要尝过一次"更好"的滋味，就想寻求更多的"更好"，因此我们的眼睛总是盯着别处，而看不到自己眼前的风景。印度思想大师奥修说过："玫瑰就是玫瑰，莲花就是莲花，只要去看，不要比较。"的确，海边的落日就是海边的落日，高山上的夕阳就是高山上的夕阳。因为时间、空间等因素的不同，二者本身就不具有可比性。往往，美感会在比较中丧失。只要相互一比，我们就无法用最美的心情来感受当下；只要这么一比，我们其实就已经错失了当下的美丽。

在爱情中相互比较是最可怕的，因为在比较中我们无法欣赏自己已经拥有的，进而无法满足。所以，爱情不能比较，只要适合自己的，就是最幸福的。

芳高挑而曼妙，婚后几年依然美丽。她的婚姻似乎和她的相貌一样完美，丈夫几乎让她享尽了世界所有的甜蜜，除了他们的物质条件和丈夫的相貌：他们没有宽敞的房子，而丈夫的个子甚至没有芳高。

生活在平淡中一天天度过。平淡久了，终究也就有了厌烦。当厌烦到快要麻木的时候，芳邂逅了一个男人，那个男人似乎让她看到了一个全新的世界：俊朗的外貌、挺拔的身姿。关键是，他给芳买了一套房子：地段好，面积大。

芳决意离婚。

丈夫久久无语。

漫长的沉默中，芳拿出小剪刀开始修剪指甲。可是小剪刀有点儿钝了，不大好用。"你把抽屉里那把新剪刀递给我一下。"芳说。

丈夫把剪刀默默地递到她面前，芳忽然发现，丈夫递给她剪刀的时候，刀柄的方向朝向她，刀尖朝着他自己。

第七章　释然忘怀——错过了就不要再留恋

"你怎么这么递剪刀呢?"她有点儿奇怪。

"我一直都是这么给你递剪刀的。"丈夫说,"这样万一有什么意外,也不会伤到你的。"

"是吗?"她毫不在意地反问了一句,心却忍不住轻轻一动,"我从来没注意过。"

"那是因为这太平常了。"丈夫静静地说,"我从没有说过,因为我觉得这没有必要说,其实我对你的爱也是如此。从我爱上你的那一天起,我就告诉自己,要把最大的空间给你,要把最大的自由度给你。就像刚才递剪刀时把刀柄给你一样,把爱情的生杀大权给你,让你不会受到伤害,最起码不会从我这里受到伤害。也许我给不了你那么大的房子,也给不了和你一起上街时别人羡慕的眼光,可这就是我对你的爱。"

听着丈夫这一句句的心里话,芳的泪水汹涌而出,她紧紧地抱住了丈夫。

所有的比较在这份细腻到已经融入生命的爱的面前,都是那么的猥琐而不值一提。当用内心去体验时,怎能不被这样的细节而感动?

的确,爱情不需要比较。一份适合自己并令双方满意的爱情,对任何一方来说都是最好的。因为,爱与被爱都是幸福的。爱情无法丈量,也不能称重;别拿自己的他和别人比较,也不要把现在"我们"的爱情和过去"他们"的爱情相比较。

首先,别人的爱情与自己无关。即使被很多人追捧的人,也未必适合自己;也许大家都不看好的那一个才是自己的真命天子。答案取决于自己的感受,而非他人,更不是为了满足那种争强好胜"不服输"的虚荣心。

不管对方曾经怎样,最重要的是当下如何,是不是和自己相处和谐。鞋子和脚的关系,舒适是第一位的。我们应该认识到,婚姻关系和恋爱关系的正常解体并不是什么丢人的事,如果分手对未来有好处的话,就应该积极看待,至少没有让错误继续下去甚至扩大。如果不是出于爱情,而只是证明自己的魅力或者控制欲,通过恋人对自己的百般呵护和绝对忠诚来找回自信,

松开手,世界就在你手中

那么结果一定不会很好。因为这样就等于已经把自己的愉快和幸福寄托在一些不确定的因素上。

有人说:山外青山楼外楼,比来比去何时休?好只是相对的,成就幸福最简单的方法就是怀着一颗知足的心,守护好当下已经拥有的。

第八章
宽心海涵——人生没有过不去的坎儿

> 痛苦的根源在于看不开，看不开就会舍不得，舍不得放弃过去的，舍不得放弃失去的，舍不得放弃远去的，久久地沉浸其中无法摆脱。正是这种看不开形成了人生的悲伤，看不开是人生的消极悲伤之源。而要快乐，就要宽心海涵，因为人生没有过不去的坎儿。

第八章 宽心海涵——人生没有过不去的坎儿

平心静气心自宽

人生路上会遇到许多不如意的事,磕磕绊绊也总少不了,我们是心平气和地去化解,还是怒气冲天地去对待?可以说,一件小事就能决定我们今后的命运。

在日常生活中,我们因芝麻大的小事而大发雷霆,因一句半句闲言碎语而怒发冲冠,甚至由于对方一个不经意的表情而不依不饶的种种情况,都是冲动的表现。其实,冲动者并无恶意,只是冲昏了头脑,殊不知冲动过后会后悔万分。所以,从根本上讲,受害最大的还是冲动者本身。

"冲动是魔鬼。"不要因别人脾气暴躁而生气,不要因悲惨的事而沮丧。冲动的直接触发点是一个"躁"字:急躁,浮躁。千百年来,古人治"躁"病妙法良多,比如:"安详是处事第一法",即不急不躁是处理事务的第一方法;"多躁者,必无沉潜之识",即过分浮躁之人,一定没有深刻的认识;"处事最当熟思缓处",告诉人们遇事进行处理,最佳做法是深思熟虑和延宕一下再办;"逆境顺境看襟度",这"襟度"就是涵养,有涵养好,涵养过人尤好;"世上闲言碎语,一笔勾销",这就是良好的心态,心平气和,就不会去计较鸡毛蒜皮之事。

冲动是我们经历挫折的一种后天性反应。我们以自己所不欣赏的方式消极地对待与自己的愿望不一致的现实。水受到激发,就会泛滥;火受到激发,就

松开手，世界就在你手中

会蔓延；人受到激发，就会作乱。在激发怒气的情况下，君子也会变成小人。

过度的冲动是愚蠢的。古希腊哲学家毕达哥拉斯说："愤怒以愚蠢开始，以后悔告终。"当受到侮辱或攻击时，冲动是不能解决问题的，它只能使我们陷入社交的困境。由于情绪失控，头脑不清醒，就更难达到摆脱困境的途径。唯一可取的是保持冷静，冷静是一种积极的、由静转动的心理活动过程。冷静，能使自己客观地从对方的攻击中寻找出对方不符合事实、不近情理之处，抓住他的弱点，分析他的目的，然后采取对策，加以揭露，予以反击，使自己从劣势转为优势，转危为安。冲动就是玩火自焚，既烧灼了自己，又伤害了别人。"一失足成千古恨"，因为平平常常的小事而冲动，造成更大的失败，是最令人痛心、后悔的事。

有一个年轻的农夫，划着小船，给另一个村子的居民运送自家的农产品。有一天，天气酷热难耐，农夫汗流浃背，苦不堪言。他心急火燎地划着小船，希望赶紧完成运送任务，以便在天黑之前能返回家中。突然，农夫发现，前面有一艘小船，沿河而下，迎面向自己快速驶来。眼看两艘船就要撞上了，但那艘船并没有丝毫避让的意思，似乎是有意要撞翻农夫的小船。

"让开，快点让开！你这个白痴！"农夫大声地向对面的船吼叫道，"再不让开你就要撞上我了！"但农夫的吼叫完全没用，尽管农夫手忙脚乱地企图让开水道，但为时已晚，那艘船还是重重地撞上了农夫的船。农夫被激怒了，他厉声斥责道："你会不会驾船？这么宽的河面，你竟然撞到了我的船上！"当农夫怒目审视对方的小船时，他吃惊地发现，小船上空无一人。听他大呼小叫、厉声斥骂的只是一艘挣脱了绳索、顺河漂流的空船。

在多数情况下，当我们责难、怒吼的时候，我们的听众或许只是一艘空船，那个一再惹怒我们的人，绝不会因为我们的斥责而改变他的航向。怒气有时候会自己溜走，稍稍耐心地等待一下，不必急着发作，否则会惹出更多的怒气，付出更多的代价。

面对事情，心平气和方能化解一切矛盾。人生路上会遇到许多不如意的

第八章 宽心海涵——人生没有过不去的坎儿

事，磕磕绊绊也总少不了，我们是心平气和地去化解，还是怒气冲天地去对待？可以说，一件小事就能决定我们今后的命运。有一位著名的女作家说："人总是有缺点的，但是你要尽量往一个人的好处看，慢慢你就会觉得，那些缺点也都是可以原谅的。"

莎士比亚的悲剧作品《奥赛罗》中的主人公奥赛罗就是一个心眼小又缺乏自控力以至于酿出人间悲剧的典型。他听信小人谗言，冲冠一怒，回到家中不问青红皂白地把自己的爱妻送入黄泉。及至觉悟，已为时晚矣，痛不欲生的奥赛罗自尽身亡。如果当时奥赛罗稍稍冷静下来，多一个宽容的心眼好好想一想，对事件有一个理智的估计的话，就不会做出这样非理智的事情了。

冲动，是缺乏涵养、心态不良的一种折射。其实，魔鬼是扯着我们的心跳出来的，等它安顿下来，留下的只有我们心灵的疼痛，而每一次疼痛，必是一次损伤，对健康、对素质、对人格、对生命的损伤。切记，日常生活中不要冲动，没什么大不了的事。

两个旅行中的天使到一个富有的家庭借宿。这家人对他们并不友好，并且拒绝让他们在舒适的客房过夜，而是在冰冷的地下室给他们找了一个角落。当他们铺床时，较老的天使发现墙上有一个洞，就顺手把它修补好了。年轻的天使问为什么，老天使答道："有些事并不像它们看上去那样。"

第二晚，两人又到了一个非常贫穷的农家借宿。主人夫妇俩对他们非常热情，把仅有的一点点食物拿出来款待客人，然后又让出自己的床铺给两个天使。第二天一早，两个天使发现农夫和他的妻子在哭泣，他们唯一的生活来源——一头奶牛死了。年轻的天使非常愤怒，他质问老天使为什么会这样，第一个家庭什么都有，老天使还帮助他们修补墙洞，第二个家庭尽管如此贫穷还是热情款待客人，而老天使却没有阻止奶牛的死。

"有些事并不像它们看上去那样，"老天使答道，"当我们在地下室过夜时，我从墙洞看到墙里面堆满了金块。因为主人被贪欲所迷惑，不愿意分享他的财富，所以我把墙洞填上了。昨天晚上，死亡之神来召唤农夫的妻子，

松开手，世界就在你手中

我让奶牛代替了她。所以有些事并不像它们看上去那样。"

有些时候事情的表面并不是它实际应该的样子，我们愤怒了、冲动了，但过了一段时间，情况又发生了变化，所以许多事要弄清楚了再来发怒也不迟，而在我们弄清楚的过程中，怒气也渐渐地消失了。

化解冲动，须从生活方式上解决问题，培养理性控制力，培养良好的心态，做到心平气和。"心平"是指内心平静，无非分之欲望，拥有一颗平常心。"气和"指气血调和，是安静稳重的状态。只有"心平"，才能"气和"。心平气和是一种心态，是一种境界，是一种宽容，是一种修养。

当一个人不能心平气和的时候，对事物就不能做出正确的判断，就会看什么都不顺眼，变得狭隘自私，牢骚满腹，容易冲动，因为不能心平气和的人就会对人、对事抱有偏见。这样的人的生活经常会漂浮不定，经常会麻烦缠身，失去的比得到的要多得多。世界上的事情往往就是越想得到越得不到。越得不到心情就越难以平静。

如果做到了心平气和，就能够客观地看待事物，就能够平静地看待生活，就能够换位思考，就能够遇乱不惊。养心、养气才能健康，此乃养生之道。心平气和的人表现出的涵养和稳重是其身心健康的表现，是其气质风度的展示，是其稳重成熟的流露，其镇定自若是一种令人折服的胸怀。

在现代化高速发展的社会中，人们要想做到心平气和实际上是很不容易的。很多人由于工作压力大，生活不顺心而变得心浮气躁，心慌意乱，甚至迷失了生活的方向，还有人悲观厌世。这些都是很遗憾的事情，是必须要用心平气和的心态去调节的事情。用宽大的胸怀去接纳生活给予我们的一切吧，不论是成功还是失败。人们在顺利的时候，做到心平气和不难，难的是在不顺利的逆境中，做到心平气和。这就需要修养，需要良好的心理素质，才能做到看似容易的心平气和。做到了对人、对己都有好处，做不到对人、对己都不利。利人利己的事何乐而不为？不论多么困难，心若在，梦就在，因为没有过不去的坎儿。

第八章 宽心海涵——人生没有过不去的坎儿

看开些，人生就圆满了

在很多事情上，我们都应该知道适可而止、量力而行，不要过于执着地去追求那些高不可攀的目标，而应及时放下。这种放下既不是畏难，也不是退缩，而是更为务实地寻找更切合自己实际的目标。

世间最大的苦是自己看不开，让自己的心蒙尘受苦。人看开的时候，心灵之门是敞开的，什么都看清了，就不怕了。很多时候人的恐惧都因为看不清。看开了，恐惧没有了，心情就好了，一好百好，人逢喜事精神爽。在看开的时候，人的目光是盯着光明的地方，生命处于一种开放的状态并会保持旺盛的势头。"一朝被蛇咬，十年怕井绳"，心灵之门一关，一切都看不清了，因为看不清，人会有一种警备、焦虑的心理，自然无法积极乐观起来。换一个角度思考问题，完全是两种结局、两种心境。所以，当我们遇到困难与挫折的时候，千万不要钻牛角尖，不妨换个角度思考，劝解自己，看开一些，人生没有过不去的坎儿。

有一天，寺院里新来了一个和尚，住持与他对坐。

大师问："听说你从前的师父在大悟时说了一首偈语，你还记得吗？"

"当然记得，"新来的和尚很自信地说，"我有明珠一颗，久被尘劳关锁；一朝尘尽光生，照破山河万朵。"新来的和尚流畅地背出，不免有些得意。

没有想到的是，住持听了大笑数声，一言不发地走了。

新来的和尚不明白住持为什么大笑，心里非常愁闷，一连几天都思索着住持的笑。"难道是自己在哪儿出错了？可是我并没有出错啊。"他自问自

松开手，世界就在你手中

答，但怎么也想不出令住持大笑的原因。

终于有一天，他忍不住了，去请教住持那天听后为何发笑。

住持笑得更厉害了，对着一脸愁容的和尚说："唉，看来你的心中依然有执念，因为别人的笑而愁苦，一切源自你看不开，其实，笑骂随他去，你就不会如此痛苦了。"

新来的和尚听了，豁然开悟。

在日常生活中，这种事情也很常见，在很多时候，我们并不觉得自己有错误，却因为别人的一言一行而苦恼。别人的一个眼神、一句笑谈、一个动作都会让我们心不自安，许多莫名的压力毫不客气地向我们袭来，使得我们茶饭不思、睡不安枕，扰乱了我们的正常生活。一切皆因为我们看不开，我们想让自己在别人心中有一个完美的形象，其实，放下这些虚无的东西，我们才会活得自在。

放下才会幸福，放下并不是放下手中的物品，需要放下的是我们的一颗心。放下了也就看开了，只有看开了，才能安闲优雅，才会感到生活的幸福、生命的美好。一千个人眼中有一千个哈姆雷特，一千个人眼中有一千种幸福，但心灵平静、心无挂碍的那种轻灵的感觉应该是一种公认的幸福。

有一位有名的作家，每天都觉得自己活得很累，总静不下心来进行创作，他的心里很痛苦。于是，他就向一位智者求教。

作家问道："我不明白，为什么在成功后觉得自己越来越忙碌，越来越觉得心累呢？"

智者问道："你每天都在忙些什么呢？"

作家回答："我一天到晚都在忙着应酬、到处演讲、接受各种媒体的采访……这些事情使我心情烦躁，写作已经成为我的一种负担。我觉得自己太辛苦了，心也很累。"

智者转身打开身后的衣柜，对作家说："在这一生中，我收藏了许多漂亮的衣物，你试着将它们穿上，就能知道自己为什么会感到心累了。"

第八章 宽心海涵——人生没有过不去的坎儿

作家疑惑地说："我身上穿有衣服，您的这些衣服未必适合我呀！如果我将这些衣物都穿在身上，一定会沉重、会难受的。"

智者回答："你也明白其中的道理，又为何要来问我呢？"

作家感到莫名其妙，就又随口问道："您所说的话，我有点不太明白，您能说得更明确一点吗？"

智者答道："你身上的衣服已经足够，倘若让你穿上更多漂亮的衣服，你会觉得沉重无比。你只是一个作家，为何要去做一些交际家、演讲家要做的事情呢？这不是自讨苦吃吗？"

作家顿悟道：每个人都要追求只属于自己的东西，做一些自己应该做的事情，这样才能得到轻松和快乐！

从此以后，作家就辞去了不必要的职务，推却了不必要的应酬，潜心写作，并最终攀上人生创作的高峰，并且再也没有感到过疲惫和烦躁，生活变得轻松和快乐了许多。

看开不是看破。不可以看破，看破了便觉得一切是假，人生无所追求，失去了竞争的原动力，其结果不是洒脱而是消极；又不可以看不开，否则在人生中只许成功不许失败，即使眼下成功了，未来也不能走远，因为人生不可能没有挫折。

每个人都会多多少少有些贪婪。好奇与利益会使一个人看不到眼前的美好，却使人奢求曾经错过的东西。我们常说："失去了才懂得珍惜。"为何不把平常的错看得淡一些呢？如果让我们选择大海与小河，我们会如何呢？也许我们会选择波澜壮阔的大海，这意味着我们要错过有无限静谧安详的小河。但我们无须悔恨，每条路都有各自美妙的结果。

人生路上，我们会无数次被自己的决定或碰到的逆境击倒、欺凌甚至碾得粉身碎骨。但无论发生什么或将要发生什么，在上帝的眼中，我们永远不会丧失价值。所以，创伤是一种历练，而不是惩罚，不要因为自己遭受的挫折、创伤而贬低、否定、惩罚自己，而应重新整理心情和人生，带着这种创

> 松开手，世界就在你手中

伤留下的疼痛和成熟继续上路。

错过爱情，我们学会了爱；错过成功，我们学会了拼搏；因为错过，我们学会了珍惜；因为遗憾，我们学会了抓住机遇……每一种创伤，都是一种成熟！

我们常常安慰别人说："人生是没有圆满的。"我们不能得到一切，我们永远不会是最幸福的人。然而，谁说人生是没有圆满的呢？我们所拥有的是另一种圆满。

我们从遗憾中领略圆满。没有分离的思念，怎能领略相聚的幸福？没有经历过被出卖的痛苦，怎会领略忠诚的可贵？没有品尝过失败无奈的滋味，又怎能体会成功的喜悦？没有遭遇病魔的袭击，怎能体会健康对人的重要？在纷纷扰扰的人世间，能够拥有，能够相聚，彼此忠诚，长相厮守，不正是一种圆满吗？

凡事懂得看开是一种大智慧。在很多事情上，我们都应该知道适可而止、量力而行，不要过于执着地去追求那些高不可攀的目标，而应及时放下。这种放下既不是畏难，也不是退缩，而是更为务实地寻找更切合自己实际的目标。当我们把那些好高骛远的目标抛弃以后，我们会切实地感受到心灵轻松的幸福，这是为我们更好地前行准备的最好礼物。在物欲面前，我们一定要时时提醒自己，要勇于放下。欲望是个无底洞，不要被欲望的黑洞吞噬淹没。

人生重要的不是拥有什么

人生中总是有许多不如意，成功的路上也会有许多坎坷，但我们心中要充满快乐，珍惜现在所拥有的一切，因为我们拥有的已经足够多了。

第八章　宽心海涵——人生没有过不去的坎儿

人生就是一段旅途，生和死分别是这段旅程的起点与终点。人生的路，重要的不是拥有什么，而是经历、心境与感悟。

常常听到周围的人抱怨：活着真累，做人有太多的愁苦忧烦。的确，因为无穷无尽的欲望总难以满足，失望与忧伤时常向我们袭来。为了生活得更加美好，许多人不得不四处漂泊，流着汗默默辛苦地工作。尽管如此，困惑与烦恼依然与我们结伴同行。而通往幸福的道路更是扑朔迷离，我们在变幻莫测之中倘若没有足够的聪明才智权衡利弊得失，就可能会在不经意中栽跟头。

每个人都有各自的欲望，人的欲望又是永无止境的，俗话说："猛兽易伏，人心难降；豁壑易填，人心难满。"而生活所能提供给欲望的满足却又总是有限的，于是因为欲望多多，不少人虽然每天食有鱼行有车，穿名牌住豪宅，但是依然体味不到生活的欢乐。人生之祸大多是由于不知足引起的，唐人李群玉在《放鱼》一文中如是说："须知香饵下，触口是铦钩。"当今世上那些贪食贪财之人，还不是在欲望的钩子上败走麦城？更有甚者，对钱财、对权位、对美色贪得无厌，从而肆无忌惮地用不法手段攫取，以致最终搬起石头砸自己的脚，弄得身败名裂甚至误了卿卿性命。正如道家鼻祖老子在《道德经》中所言的："甚爱必大费，多藏必厚亡。故知足不辱，知止不殆，可以长久。"

智者对得失淡然视之，没有什么是大不了的，因为失去的永远不会再回来，得到的也不可能永远是自己的，轻松快乐地生活，努力地为事业奋斗，何乐而不为呢？愚者心中背负着太多的包袱——金钱、地位等东西，所以生活得很累，得到的怕失去，没得到的想得到，从而使自己成为名和利的奴隶，永远无法快乐。

有一位青年，老是埋怨自己时运不济，发不了财，终日愁眉不展。

这一天，走过来一个须发皆白的老人，问他："年轻人，你为什么不快

松开手，世界就在你手中

乐？"

"我不明白，为什么我总是这么穷。"

"穷？你很富有嘛！"老人由衷地说。

"这从何说起？"年轻人问。

老人反问道："假如现在斩掉你一个手指头，给你1000元，你干不干？"

"不干。"年轻人回答。

"假如斩掉你一只手，给你10000元，你干不干？"

"不干。"

"假如使你双眼都瞎掉，给你10万元，你干不干？"

"不干。"

"假如让你马上变成80岁的老人，给你100万元，你干不干？"

"不干。"

"假如让你马上死掉，给你1000万元，你干不干？"

"不干。"

"这就对了，你已经拥有超过1000万元的财富，为什么还哀叹自己贫穷呢？"

老人笑吟吟地问道，青年愕然无言，突然什么都明白了。

如果早上醒来发现自己还能自由呼吸，那么，就比在这个星期中离开人世的人更有福气……想想这些，还有什么大不了的呢？

有的人总是感觉自己不快乐，没有别人那么潇洒，没有别人那般自由自在，没有别人那么有钱，拥有的比别人少。可是，我们不是也像那个青年一样吗？我们有健康的身体，我们有良好的素质，我们有丰富的知识，我们有独特的想法，我们哪点比别人差呢？我们哪点比别人贫困呢？虽然没有别人那么潇洒，但我们可以活得踏踏实实；没有别人那么自由自在，可我们有更多的时间来学习和提高；没有别人那么有钱，我们也不会陷入灯红酒绿之中；没有别人那么多的关系网，却更能少玷污自己纯洁的心。一样的朝阳，一样的天空，一样的人们，我们不比谁差，我们一样富有！人生中总是有许多不如意，成功的路上也会有许多坎坷，但我们心中要充满快乐，珍惜现在所拥有的一切，因为我们拥有的已经足够多了。

人不是活给别人看的

当一个人率性而为的时候，他自然就会从实质上去理解别人，尊重别人，而不是简单地按照别人的标准去做，也不是简单地让别人按照自己认可的标准去做。

提倡按他人的标准生活，为取得他人的认可而活，使人们追求所谓社会价值的实现，可以说是整个社会文化模式所塑造出来的人生价值观。这种价值观会使人们放弃自己人性的快乐，而去追求他人的认可，成为其他人评价、态度和脸色的奴隶或木偶，被他人的行为所控制。

按照别人的标准生活的结果，必然会使一个人莫衷一是。因为他人或社会的标准是千奇百怪的，满足了这种标准，就不能满足另外一些标准，得到了这一部分人的认可，就会失去另一部分人的认可。一个人不可能满足周围所有人的要求。

"率性之谓道"是《中庸》里的一句话，它是顺着"天命之谓性"而来的。书中所谓的"率性"是指天所命于人之性，使人对于日常事物皆能合乎当然的规范。在《中庸》的作者看来，人只要能遵循天所赋予人的人性，也就能够合乎自然之理，这是人在现实的社会生活中应该选择的道路。

当一个人率性而为的时候，他自然就会从实质上去理解别人，尊重别人，

松开手，世界就在你手中

而不是简单地按照别人的标准去做，也不是简单地让别人按照自己认可的标准去做。只有在这种情况下，一个人才会得到真正的快乐。因这一出发点而导致的给他人带来的快乐和他人对我们的认同是自然而来的事情，但那并不是我们的追求。正如太阳照亮了地球，不是因为它想要照亮地球，而是因为它本身在燃烧。

伊笛丝从小就特别敏感而腼腆，她的身材一直很胖，而她的一张脸使她看起来比实际还胖得多。伊笛丝有一个很古板的母亲，她认为把衣服弄得漂亮是一件很愚蠢的事情。她总是对伊笛丝说："宽衣好穿，窄衣易破。"而母亲也总依这句话来帮伊笛丝穿衣服。所以，伊笛丝从来不和其他的孩子一起做室外活动，甚至不上体育课。她非常害羞，觉得自己和其他的人都"不一样"，完全不讨人喜欢。

长大之后，伊笛丝嫁给一个比她大好几岁的男人，可是她并没有改变。她丈夫一家人都很好，也充满了自信。伊笛丝尽最大的努力要像他们一样，可是她做不到。他们为了使伊笛丝开朗而做的每一件事情，都只能令她更退缩到她的壳里去。伊笛丝变得紧张不安，她躲开了所有的朋友，情形坏到甚至怕听到门铃响。伊笛丝知道自己是一个失败者，又怕她的丈夫会发现这一点，所以每次他们出现在公共场合的时候，她都假装很开心，结果常常是装得过分。事后，伊笛丝会为这个难过好几天。最后，她不开心到觉得再活下去也没有什么意思了，于是想自杀。

后来，是什么改变了这个不快乐的女人的生活呢？只是一句随口说出的话。随口说的一句话，改变了伊笛丝的整个生活，使她完全变成了另外一个人。

有一天，婆婆正在谈她自己怎么教养几个孩子，她说："不管事情怎么样，我总会要求他们保持率性。"

"保持率性！"就是这句话！在一刹那之间，伊笛丝才发现自己之所以那么苦恼，就是因为她一直在试着让自己适合于一个并不适合自己的模式。

第八章 宽心海涵——人生没有过不去的坎儿

伊笛丝后来回忆道:"在一夜之间我完全改变了。我开始保持率性,我试着研究我自己的个性,自己的优点,尽我所能去学色彩和服饰知识,尽量以适合我的方式去穿衣服。主动地去交朋友,我参加了一个社团组织——起先是一个很小的社团——他们让我参加活动,开始把我吓坏了。可是每发一次言,我就增加一点勇气。今天我所有的快乐,是我从来没有想到的。在教养我自己的孩子时,我也总是把我从痛苦的经验中所学到的结果教给他们:不管事情怎么样,总要保持率性。"

《易经》中一有句话说得好:"安其心而后动,易其心而后语,定其交而后求。"宇宙之大对于我们每一个人都是相同的,关键在于我们是否以宇宙为空间,在自己的支点上站得住。率性而为是一种自守,以宁静的心态面对纷呈的生活,以平常的心态对待不平常的事情,以安静的心态对待嘈杂的外界,以平和的心境处理世态的炎凉。"无欲自然心如水,有营何止事如毛",在欲壑难填、混沌纷扰的世界,要保持一份清心寡欲的高洁。

率性而为,不是自暴自弃,享乐现在,是充分利用时间,去学习,去提高,去休息,去娱乐,去享受无论是数字、文字,还是音乐、画作,抑或是图像、友情带给我们的各种快乐。

率性而为,不是放任自己的过失,而是勇于面对过去,面对失败,无视那些失败带来的自卑感,以自己最强的自信心迎接未来的挑战。

率性而为,不是一味地向往美好未来,而是做好迎接未来的各项准备。

率性而为,不是安于天命,不思进取,而是刻苦用功,不畏困难,无视那些不理解的目光,以自己最大的能力奋发向上。

率性而为,不是肆意妄为,不是懒惰无为,而是向着自己的理想,努力拼搏,无视那些挫折、困苦、失败,以自己最大的努力朝理想前进。

| 松开手，世界就在你手中

生活需要做减法

　　生活是需要做减法的，那是一种让生活尽量简单化的状态。说白了，生活要求太高，一旦复杂起来，碳的排放量就会多了很多，生活不要折腾，越简单越好。

　　近几年来，欧美发达国家许多有识之士提倡"慢生活"。强调人们要把握一定的生活节奏，有劳有逸，有张有弛，过简约的生活，而不是把自己的生活安排得满满的，要给自己留下一些生命的空间，不要总是为没有充足的时间去完成该完成的事情而感到焦虑，也不要永远把自己的兴趣爱好和休息时间放在次要位置。

　　城市生活叫人们无法止步，人们一直生活在持续的加法中。好，还要更好；多，还要更多。其实生活的幸福感并不能完全借由物质的丰裕程度来衡量，拥有更多的财富，更大的房子，更好的车子，未必能带来更多的幸福，相反，我们常常因为拥有得太多，生活太过复杂，反而让自己被控制住了。

　　现实生活中，许多人的生活方式不是"慢节奏"，而是"快节奏"。他们给自己定下过高甚至不可能实现的目标，为实现目标牺牲了休息时间和兴趣爱好。"流汗又流血，拼劲又拼命"，不惜透支生命和健康，以致处于亚健康状态甚至"过劳死"的边缘。有资料表明，近几年，我国心血管病的发病率急剧上升，特别是中青年冠心病死亡率呈"陡坡"上升趋势。究其原因，生活节奏过快、工作压力过大、生活方式欠健康是主要因素。

　　生活是需要做减法的，那是一种让生活尽量简单化的状态。说白了，生

第八章 宽心海涵——人生没有过不去的坎儿

活要求太高,一旦复杂起来,碳的排放量就会多了很多,生活不要折腾,越简单越好。上升到精神层面,就是要倾听自己内心的声音,懂得化繁为简、享受幸福的生活。当然减法生活也不是一味简约、简单,甚至简陋,而是要寻求一种让生活舒服的适度节制,是"用减法平衡生活,顺应人体生物钟节律,慢慢享受生活,还生活一个真实状态"。

有人说,只有忙碌才能出成绩,那可不一定。85岁高龄,精神矍铄、潇洒从容的金庸先生给了我们一个很好的回答,他说:"我的性子很缓慢,不着急,做什么都是徐徐缓缓,最后也都做好了,乐观豁达养天年。"

金庸先生学识渊博,著作等身,但他不尚奢华,而是羡慕"且自逍遥没人管"的生活,饮食简单清淡,七八分饱,衣着自然简朴。他说:"人要善于有张有弛。武打小说打一会儿,就要吃饭,谈情说爱,不能老是很紧张,要有快有慢,这样对健康很有好处。"徐徐缓缓的他做出了很大的事业,为表彰他的杰出贡献,2001年国际天文学联合会把一颗小行星命名为"金庸星"。

如果我们把"慢生活"作为一种生活方式,加强计划性,安排好自己的工作,清除掉过高的追求目标和耗时项目,科学地支配时间,从容地休息和运动,无论对提高工作效率还是保障身心健康都不失为明智的选择。

工作超时、压力超载、身体超负,不仅得到的来不及享受,反而会如鲜花凋谢般,早早地毁掉自己的健康。也许我们都还健康着,所以忽略了很多东西,其实,生命有时很脆弱,一不小心,就被它轻易背叛了。

其实,人生不能太满,太满便没有空间去享受生活,过简单生活,主动摒弃一些东西是种成熟的心态,那是因为我们知道自己要什么而不要什么。不想做的事情拒绝,不想交的朋友舍掉,不想挣的钱不要……还原生活的本真,真实体验生活中的自由、轻松和属于生命自身的意义。有节奏地适当放慢脚步,给生活多做减法,生活才会从容,身心才会舒畅。

减少并不意味着退步,只是做了合理的减法,化繁为简了。化繁为简做

> 松开手，世界就在你手中

减法也不是懒惰得不思进取，而是主张剔除生活中可有可无的负累，不被名利所左右，不被物欲所驱逐，不让生活终日忙忙碌碌，不让健康跟不上我们的步伐。

放慢节奏，从容生活，才有可能创造健康、辉煌的人生。如果我们能掌控生活的速度，知道什么时候可以放下，什么时候要加快脚步，什么时候必须驻足，什么时候又该跃起，我们就不会因为一路快跑追赶而忽略了道路两旁美丽的风景和本该细细品尝的生活况味，也不会因为忘了停下脚步而错过了身旁关怀的眼神和暖暖的爱意。如果我们同意生命中有比急着完成某件事更重要的事情，就请放慢脚步，倾听内在的声音，给自己的生活做减法吧。

乐观面对一切

人生从什么时候开始都不算太晚，关于过去，都是浮云，关于未来，都是未知。我们没有时间纠结过去，停滞不前，也无法预测未来，能做的只是心怀乐观，一步一步地往前走。

在人生的旅途上，谁不是一路刀光剑影艰难前行呢？谁不是风雨兼程日夜奔波呢？谁又没有面临过逆境呢？其实，很多困难和逆境只存在于我们自己的心中，我们只需要乐观一点，大胆地打破自设的心理牢笼，就会发现很多事本没有想象的那么难。要知道，在这个世界上，没有绝望的处境，只有对处境绝望的人。

不管我们是谁，记住一句话：人生从什么时候开始都不算太晚，关于过

第八章　宽心海涵——人生没有过不去的坎儿

去，都是浮云，关于未来，都是未知。我们没有时间纠结过去，停滞不前，也无法预测未来，能做的只是心怀乐观，一步一步地往前走。深一脚浅一脚，不知道还会发生什么事情，也许是鲜花和掌声，也可能是狂风暴雨。但是，我们务必要做好心理准备以便能面对随时会出现和发生的一切，特别是在灾难不请自来时，我们要学会乐观一点，接受一切，坦然面对。

有这样一个故事：一位旅人，某日行至险峻山道，不慎失足跌下山崖，空谷山风刮耳而过，求生的本能让他抓住了一根悬于崖壁的枯藤，幸免于难。正当他惊魂未定之际，一只硕大的山鼠开始啃噬那一根救命藤，底下是一片深不知几千几万尺的漆黑，恐惧让他闭上了眼。但他是个勇敢的旅人，从小受过最优秀的训练，恐惧只是在一瞬间袭过他的全身，紧接着他便开始正视自己的处境，环顾四周，无处落脚。他想：对一个钟情于山水的人来说，这未尝不是一个好的归宿，至少人生的最后一刻也活得相当刺激，而奔波一生所求的也不过如此。于是，他便悠然起来，甚至对旁边一株红得亮丽妖艳、几乎与他的窘迫境况形成反讽的野莓产生了兴趣。"将死而尚有秀色可餐，岂不快哉！"就在他准备品尝这人生最后的滋味时，奇迹竟然出现了：伸出手，他发现蓬松的野莓枝叶下，有一块足以立身的山石突兀而出……

如果把困难比喻成一座山，我们躺在山下哀号，那么山将高不可攀，我们永远无法抵达，因为我们一直在仰视它。所以要想战胜困难，就无须顾盼，只要踏踏实实一步一个脚印往上登山，相信自己。一路上将有流泉飞瀑、虫鸣鸟唱为我们伴奏，还有翠树红花、紫岚白云与我们同行。哪怕山路蜿蜒，崎岖跌宕，又何所惧？

很多时候，人并没有那么轻易陷入绝境，自断其路的是我们悲观的心。古人云："人生不满百，常怀千岁忧。"可见，人是自烦自扰的动物。假如我们像那位旅人一样，能够适时适地换一种想法，"人生无非几十年，有花堪折直须折"，好一种人生境界，潇潇洒洒、来去无牵挂，岂不快哉！否则将是"人生无非几十年，赤膊拼将阎罗去"，那又是另一种壮烈慷慨，酣畅淋漓。

松开手,世界就在你手中

没有谁是天生的弱者,但是为什么大多数人不能成为强者呢?为什么很多强者在逆境的旋涡中苦苦挣扎而毁灭或无奈地走向平庸了呢?成为强者和沦为弱者的区别在于——是否能够乐观地应对一切,尤其是逆境。一个人无论遭遇怎样的逆境和厄运,一定不能轻易绝望、掩埋自己的理想。要知道当我们渴望并且付出努力想要战胜一切的时候,整个宇宙都会为我们让路。

有一位武士,在面对实力比他的军队强十倍的敌人时,他决心打胜这场硬仗,但其部下却表示怀疑。他在带队前进的途中让大家在一座神社前停下。他对部下说:"让我们在神面前投硬币问卜。如果正面朝上,就表示我们会赢,否则就是输,我们就撤退。"部下赞同了他的提议。他们进入神社,默默祷告了一会儿,然后他当着众人的面投下一枚硬币。大家都睁大了眼睛看——正面朝上!大家欢呼起来,人人充满勇气和信心,恨不能马上就投入战斗。

最后,他们大获全胜。一位部下说:"感谢神的帮助。"武士说道:"是你们自己打赢了战斗。"他拿出那枚问卜的硬币——硬币的两面都是正面!

这个故事告诉我们:要想赢得人生,战胜一切,就必须乐观再乐观,否则我们很快就会被沮丧、自卑、抱怨磨灭意志,而我们的人生很有可能被失败的阴影遮蔽了它本该有的光辉。

有些困难其实根本没有想象中那么巨大,如果我们能用积极的心态从正面看问题,乐观地对待人生,乐观地接受挑战和应付麻烦,很多问题将不是问题。因为,人生在世,不如意之事十有八九,如果每天陷在对困难的恐惧当中,那不用"死神"来召唤我们,我们自己就把自己吓死了。

第八章 宽心海涵——人生没有过不去的坎儿

心胸狭窄会失掉所有

很多时候，如果我们是一个强者，那么别人的只言片语就像一阵微风拂过大树，丝毫不会影响我们，反而会给我们送来一丝清凉和愉悦。

心胸狭窄内心不能容物，表现为极端的自我与自私，心中只有自己，没有他人。心胸狭窄的人，一个显著的特点就是不能容忍别人比自己强，他们的世界里只能有他们自己。如果有别人比自己强的话，他们就会感到严重的威胁，唯恐自己成为别人的陪衬。这是他们万万不能接受的，于是烦躁不安、心神不定，有那些人的存在于他们是没有办法好好生活的，于是，便想方设法去报复和消灭那些人。

一个心胸狭窄的人，对自己的能力和潜力心知肚明，他们清楚地知道自己并不是最强的，也许根本就算不上强，但是却不能接受在自己的视野范围之内有人比自己强。若是发现有人强过自己的话，他就会心烦意乱，只盘算如何削弱对手，而不是提高自己。他们的风格就是压制别人，通过压制使自己永远保住第一的位置。所以，与心胸狭窄的人打交道，在他们的压制下，我们也就永远无法正常地发挥自己的能力，举步维艰。

嫉贤妒能只是心胸狭窄的人性格弱点的一个方面。心胸狭窄还意味着不能宽容别人的缺点，不能忍受别人对自己无意的触犯与伤害，永远不能以宽容豁达的心来看待问题。他们极度敏感，自尊心极强，这也越体现出他们内心深处的自卑和恐惧。很多时候，如果我们是一个强者，那么别人的只言片语就像一阵微风拂过大树，丝毫不会影响我们，反而会给我们送来一丝清凉

松开手，世界就在你手中

和愉悦；而心胸狭窄的人则像是一株小草，即使是微风拂过，也能让他们东倒西歪，方寸大乱。别人无心的举动，无意的忽略或冒犯都足以在他们心里形成挥之不去的阴影。所以很多时候他们对别人的报复是与别人的能力无关的，只是因为他们无法释怀。他们只想着打击报复让别人也受到更大的伤害，只有看到别人受到的伤害远胜于自己，他们才能感到一丝快感。所以说，和心胸狭窄的人在一起，常让人觉得防不胜防，因为不知道什么时候就会得罪他们，也不知道什么时候，他们会对自己进行报复。

曹操虽然是一个有能力的人，但是也免不了有心胸狭窄的弱点。他成就了一番大事业，也因心胸狭窄，葬送了他手下一些杰出的人才。最突出的例子，莫过于大家耳熟能详的曹操与杨修的故事了。

杨修为人恃才傲物，有一次曹操建了一座花园，曹操看过之后不置可否，只提笔在大门上写了一个"活"字就走了。大家都不明白这是什么意思，只有杨修说道："门字里面填一个'活'字，就是一个阔字，丞相是嫌大门建造得太阔了。"于是工匠重新修建了大门，又请曹操来看。曹操看过之后大喜，问道："是谁知道我的心意？"左右人说是杨修，曹操称赞了杨修的聪明，但是心里却很忌妒。

一次，曹操在与刘备征战的时候处于下风，兵退斜谷，进退不能，犹豫不决，恰好厨师端上鸡汤来，曹操看见汤中有鸡肋，不禁有感于怀。正在沉吟之时，夏侯惇进帐请示夜间的口令，曹操随口道："鸡肋，鸡肋。"夏侯惇便传令官兵，以"鸡肋"为号。杨修闻号令是"鸡肋"，就叫随行的士兵收拾行装，准备归程。有人告诉夏侯惇，夏侯惇大惊，问杨修为什么要收拾行装。杨修道："通过今晚的号令，就知道魏王不几天就要退兵了。鸡肋这个东西，吃起来没什么肉，丢了又可惜。现在我们进攻不能取胜，退兵又怕被人笑话。在这里没什么好处，不如及早回去。来日魏王必定班师，所以先收拾行装，免得临行慌乱。"夏侯惇道："你真是了解魏王的心意啊！"于是寨里大小将士，无不准备归计。

第八章 宽心海涵——人生没有过不去的坎儿

当夜曹操心乱，睡不着觉，就手提钢斧悄悄在营中巡视，却见将士们都在收拾行装，赶紧叫夏侯惇来问其缘故，夏侯惇便说主簿杨修知道大王想退兵的意思，曹操叫来杨修询问，杨修把鸡肋的意思告诉曹操，曹操大怒道："你怎敢胡言，乱我军心！"就命令刀斧手将杨修推出去斩首示众了。

杨修的才能引起了曹操的忌妒，终于被曹操找了个机会杀了。

强者总能得到更多关注和掌声。这一切本来无可厚非，人人都欣赏羡慕强者，唯独心胸狭窄的人，不能接受身边存在比自己强的人，更不会欣赏和赞美别人。他们没有能力成为最引人注目的人物，也不允许有比他们更引人注目的人物存在。而要想成为生活的强者，变成备受瞩目的人，内心一定要海阔天空包容万千，心胸狭窄的人是无法做到的。

两个世纪前的某一天，美国发明家富尔顿来到了金碧辉煌的凡尔赛宫，他刚发明了蒸汽机铁甲战船，正兴致勃勃地向拿破仑建议，用之取代当时法国的木制舰船。毫无疑问，蒸汽机铁甲战船比木制战船要先进得多，威力也不可同日而语。眼看拿破仑就要被富尔顿说动，准备采纳富尔顿的建议时，拿破仑脸色陡变，两眼放射出难以抑制的怒火，眼睛直逼向富尔顿。合作告吹了，而莫名其妙的富尔顿也许永远不会知道，他失败的原因完全在于他毫不在意地顺口恭维了拿破仑一句："伟大的陛下，您将成为世界上真正最高大的人！"在这里，富尔顿想表达的是"高贵"、"崇高"的意思，但他一不留神把法语的"高贵"、"崇高"一词说成了"高大"，恰恰富尔顿自己身材高大，这一下正好击中了拿破仑最自卑、最害怕被别人嘲笑的生理短处——个子很矮。

拿破仑对高个子的富尔顿咆哮道："走吧！先生！我不认为你是个骗子，但认为你是个十足的蠢货！"这之后，富尔顿的发明专利被英国购买，自此英国凭借强大的海军，确立了世界海上霸主的地位，法国却远远落在了后面。直到20世纪30年代末，爱因斯坦在建议美国总统罗斯福迅速研制原子弹的信里，才又一次重提旧事："总统先生，如果1803年拿破仑接受了你们的富

> 松开手,世界就在你手中

尔顿关于建造蒸汽机军舰的建议,今天的世界格局将不会是这样!"

拿破仑仅仅因为容忍不了别人无意间使用"高大"一词,就拒绝了一项伟大的发明,因为他心胸狭窄,所以他失去了一个时代。

俗语说"宰相肚里能撑船",对现代人来说,肚子里要能跑火车才行。对于具有不同脾气、不同嗜好、不同优缺点的人,我们要学会和平相处,必须要具备一颗平常心。倘若对自己的短板仍然不醒悟,还那么狭隘地对待别人,到最后别人也会把苦果子给我们吃。所以,心胸狭窄足以令我们失掉所有人际关系,让我们独自走在黑暗的路上。

第九章
灵活变通——改变不了世界就改变自己

> 这个世界,不会尽如人意,有时难免会让我们失望,我们改变不了过去,但可以改变现在;我们想要改变环境,就必须改变自己。
>
> 放弃和坚持也许只在一念之间,果断地做出决定,坚持该坚持的,放弃该放弃的,才能彻底斩断内心的纠结,才会活得更洒脱,重新获得一个全新的自己,找到自己的心灵归属。

第九章　灵活变通——改变不了世界就改变自己

改变命运从改变自己开始

在这个世界上，是我们去适应环境而不是要环境来适应我们。如果我们适应不了这个世界，那么就要改变自己，不然我们就会有被世界淘汰的危险。

在威斯敏斯特教堂地下室里，英国一位圣公会主教的墓碑上刻着这样一段话：

"当我年轻自由的时候，我的想象力没有任何局限，我梦想改变这个世界。

"当我渐渐成熟明智的时候，我发现这个世界是不可能改变的，于是我将眼光放得短浅了一些，那就只改变我的国家吧！但是我的国家似乎也是我无法改变的。

"当我到了迟暮之年，抱着最后一丝努力的希望，我决定只改变我的家庭、我亲近的人。但是，唉！他们根本不接受改变。

"现在在我临终之际，我才突然意识到：如果起初我只改变自己，接着我就可以依次改变我的家人。然后，在他们的激发和鼓励下，我也许就能改变我的国家。再接下来，谁又知道呢，也许我连整个世界都可以改变。"

这段墓文令人深思。大文豪托尔斯泰也说过类似的话："全世界的人都想改变别人，就是没人想改变自己。"命运对每个人都是公平的，就看我们有没有把握住自己的人生。

松开手，世界就在你手中

虽然很多时候我们都说成事在天，但不是还有一句话叫谋事在人吗？命运在我们手里，命运可以由我们自己去改变，然而，改变命运最重要的是先改变自己。当我们拥有站在某一个高峰的能力的时候，当我们先把自己改变的时候，我们才可以看清一直在我们身边徘徊的机会，抓住它，命运也就随之改变！所以，有的人用力量让自己抓住了命运的手；有的人虽然最初与命运擦肩而过，但是他们改变了自己，又让命运转回了微笑的脸。

很多时候，我们都会说这样的话：要是他这样就好了。"己所不欲，勿施于人。"我们又有什么权力要求别人为自己而改变呢？在这个世界上，是我们去适应环境而不是要环境来适应我们。如果我们适应不了这个世界，那么就要改变自己，不然我们就会有被世界淘汰的危险。

被誉为推销之神的原一平，他小时候其实是个脾气暴躁、调皮捣蛋、叛逆顽劣，被乡里人称为无药可救的"小太保"。

有一天，他来到东京附近的一座寺庙推销保险。他口若悬河地向一位老和尚介绍投保的好处。老和尚一言不发，很有耐心地听他把话讲完，然后以平静的语气说："听了你的介绍之后，丝毫引不起我的投保兴趣。年轻人，先努力去改造自己吧！"

"改造自己？"原一平大吃一惊。

"是的，你可以去诚恳地请教你的投保户，请他们帮助你改造自己。我看你有慧根，倘若你按照我的话去做，他日必有所成。"老和尚继续说道。

从寺庙里出来，原一平一路想着老和尚的话，若有所悟。接下来，他组织了专门针对自己的"批评会"，请同事或客户吃饭，目的是为了让他们指出自己的缺点。

原一平把大家的看法一一记录下来。通过一次次的"批评会"，他把自己身上的劣根性一点点消除了。与此同时，他总结出了含义不同的几十种笑容，并一一列出各种笑容要表达的心情与意义，然后对着镜子反复练习。

他像一只成长的蛹，悄悄地蜕变，终于化茧成蝶。他成功了，并被日本

第九章　灵活变通——改变不了世界就改变自己

国民誉为"练出价值百万美元笑容的小个子"，美国著名作家奥格·曼狄诺称他为"世界上最伟大的推销员"。

"我们这一代最伟大的发现是，人类可以由改变自己而改变命运。"原一平用自己的行动为我们印证了这句话。许多人告诉我们，命运掌握在自己手里，我们无法选择自己的出身，无法选择自己的血统，但是我们可以通过自己的努力改变命运。相信在遇到无数挫折以前我们都深深坚信着，我们一定可以改变自己的命运。可是许许多多的人在面对现实的一次次无情打击下，失去了对抗命运的信心，低头认命，并且开始怀疑我们曾经所坚信的一切，开始把所有的失败都归结于一句话："这就是命啊!"

对于所谓的命运，我们真的可以由自己改变吗？是的，自出生的那一刻，上帝让我们拥有的东西就像是随机抽选的双色球。有的人一出生便抽到了获得大奖的那张彩票，而更多的人则是时运不济。然而，有一样却是我们每个人都有的，那就是我们改变命运的权力。

在篮球场上创造了神话的男人艾弗森，出生于贫民窟的他最终通过自己的努力，让世界为他的名字而疯狂。当选了美国总统、印证了美国梦的奥巴马，犹如一个传奇让人们为之激动不已。也许我们不能改变别人、改变世界，但我们可以改变自己，因为只有自己才是完全受自己支配的。要想获得幸福、成功，就要从改变自己开始。

既然无法改变就坦然接受

许多残酷的现实是我们无法回避、无法选择和无法改变的，面对这些现实，我们要学会坦然接受。

松开手，世界就在你手中

人生本来就是一个输赢交错的过程，就是诸葛亮再世也无法准确预测和掌控不可预知的未来，更不能改变过去既成的事实。所以，与其死死纠缠于不可改变的过去，还不如改变心态，坦然接受，放眼未来。

人生总要遇到这样那样的磨难，好比唐僧西天取经。

已故的美国小说家塔金顿常说："我可以忍受一切变故，除了失明。我决不能忍受失明。"可是在他60岁的时候，医生却告诉了他一个残酷的事实：他即将失明。他的一只眼差不多全瞎了，另一只也接近失明，他最恐惧的事终于发生了。

塔金顿面对着无法改变的事实，没有怨天尤人，他坦然地接受，并积极地接受治疗。完全失明后，塔金顿说："我现在已接受了这个事实，也可以面对任何状况。"

为了恢复视力，塔金顿在一年内得接受12次以上的手术，而且只是采取局部麻醉。他甚至放弃了住私人病房，和病友们住在大众病房，并且幽默地逗病友们开心，以助他们康复。当他必须再次接受手术时，他提醒自己是何等幸运："多奇妙啊，科学已进步到连人眼如此精细的器官都能动手术了。"他还说："我不愿用快乐的经验来替换这次机会。"这种坦然面对苦难的生活方式，终究成就了他不朽的人生。

人生的天空既有风和日丽，也有风雨交加，我们的人生旅程中会出现许多意外，当我们的人生轨迹出现偏差的时候，一味地埋怨现实只会让自己陷入无以复加的烦恼中。面对上天给我们的考验，我们要微笑着去迎接它，才能轻松地打败它。

当真正面对苦难的时候，其实每个人都能接受，就像本以为自己决不能忍受失明的塔金顿一样，因为学会了接受，所以，他的人生并没有因此而变为灰色。

成功学大师卡耐基说："有一次我拒不接受我遇到的一种不可改变的情

第九章 灵活变通——改变不了世界就改变自己

况。我像个蠢蛋,不断做无谓的反抗,结果带来无眠的夜晚,我把自己整得很惨。终于,经过一年的自我折磨,我不得不接受我无法改变的事实。"

西方有句谚语,"不要为打翻的牛奶杯而哭泣",这与中国的一个成语"覆水难收"有着异曲同工之妙。用流行的话来说,"你可以设法改变3分钟以前的事情所产生的后果,但你不可能改变3分钟之前发生的事情",是啊,事实已经发生,就算肠子悔青了也没有"月光宝盒"送我们回到过去。所以,不如将精力放在如何解决问题上,避免以后再犯同样的错误。

金融危机爆发的时候,谭先生十分庆幸自己没买股票,谁知他的妻子号啕大哭,说她把家里60万元的存款给了一个朋友做投资,可现在朋友破产,人也消失了,60万元打了水漂。

谭先生一阵头晕眼花,这意味着,他们这10多年的辛苦努力全白费了。谭先生真想把妻子痛打一顿,可是他很快冷静下来,他对满脸泪水的妻子说:"命里没有莫强求,钱已经丢了,再哭也哭不回来。幸好我还有一份不错的工作,咱们的生活还是不成问题的。"

谭先生虽然嘴上说得淡定,可是他心里清楚自己的工资也不是很丰厚,虽然够得上家里每个月的开支,可是女儿马上就要上大学,夫妻双方的父母年纪都大了,需要他们照顾,谭先生感到了前所未有的压力。

可生活还要坚持下去,于是,谭先生和妻子商量用各种"开源节流"的办法来应对:谭先生戒了烟;不买名牌衣服了;朋友聚会尽量在家吃;尽量不打车,出门坐公交;妻子开个小卖铺赚些钱……

就这样,谭先生家的日子虽然过得辛苦了些,但是依然有条不紊地向前进行着,一家人都相信日子会一天天好起来。

不幸的发生,往往是因为我们对事物做出了错误的估计,因此不得不付出代价。但是,错误已经发生,懊悔、暴怒、颓废都无济于事,这些只能让事情变得更糟。我们要向谭先生学习,勇敢面对突如其来的灾难,用平静的心态去承受不可更改的事实,想办法去解决问题,而不是企图"回到过去"。

松开手，世界就在你手中

面对不可避免的事实，我们就应该学着做到诗人惠特曼所说的："让我们学着像树木一样顺其自然，面对黑夜、风暴、饥饿、意外与挫折。"

坦然接受现实，并不等于束手接受所有的不幸。只要有任何可以挽救的机会，我们就应该奋斗。

但是，许多残酷的现实是我们无法回避、无法选择和无法改变的，面对这些现实，我们要学会坦然接受。接受不可改变的现实，不是逆来顺受，向上天屈服，也不是不思进取、安于天命，而是一种积极的、顺其自然的人生态度。

对于无奈或不可改变的事，完全可以换一种思路考虑：不同的人有不同的人生，不同的人生有着不同的苦辣酸甜、不同的喜悲得失，这个世界本就是多姿多彩的，每个人都有不一样的特长、不一样的身世、不一样的家庭、不一样的学习和成长环境，没有必要因为自己在某些方面比别人差而讨厌自己，因为自己身上一定还有许多别人所不具备的能力或特长，只是自己没有发现或没有找到合适的机会施展罢了。如果懂得接受自己，懂得珍惜身边的一切，懂得理解和尊重客观现实，就能找到真正属于自己的成功之路，同时也可以在这条道路上体验到真正的快乐与幸福！

一位名人曾经说过："有所作为是生活的最高境界，而抱怨则无所作为，是逃避责任、是放弃义务、是自甘沉沦。"不论我们遭遇什么样的处境，如果只是喋喋不休地怨天尤人，那么注定于事无补，反而会把事情弄得更糟，相信这也绝不是我们的初衷。无论如何，我们都不应该怨天尤人，而应该坦然地面对现实，用上天所赋予我们的力量去努力、去奋斗，从而改变自己的生活并获得幸福。

飞速行驶的列车上，有一位老人刚买的新鞋不慎从窗口掉下去了一只，周围的旅客无不为之惋惜，不料老人把剩下的一只也扔了下去。

众人大惑不解，老人却坦然一笑说："鞋无论多么昂贵，剩下一只对我来说就没有什么用处了。把它扔下去，就可以让捡到的人得到一双新鞋，说

第九章 灵活变通——改变不了世界就改变自己

不定他还能穿呢。"与其抱残守缺，不如果断放弃，坦然面对失去。老人的这种心态令人顿生敬意，也发人深省。

坦然面对失去，需要及时调整心态，首先要面对现实、承认失去，不能总沉溺于已经不存在的东西之中。得到和失去其实是相对的。民间安慰丢失东西的人总是说："旧的不去，新的不来。"事实正是如此，与其为了失去的东西懊恼，不如全力争取新的得到。

坦然面对失去，就是胸襟更豁达一些、眼光更长远一些，经常为自己整整枝，打打杈，排除那些不必要的留恋与顾盼，以便集中精力于人生的主要追求。

当我们能够坦然面对这些后，我们会发现，原来心里的纠结不过是幻象，只要我们想打破它，那么人生中的一切波折都不是问题。只要我们能走出这一步，我们就会感到：其实生活没有想象的那么糟，自己没了眼睛，但还有耳朵，并且听力异常出众；丧失了双腿，但还有双手，它们是那么灵巧；丢了工作，但从此不必总是忙碌，可以享受家庭的温馨。即使死神要夺走自己的生命，但自己的一辈子无怨无悔，这就是生活的意义。有了这样的心态，那么无论生活多么不公平，我们也不会有什么好忧愁的了。

面对现实，并不等于束手接受所有的不幸。只要有任何可以挽救的机会，我们就应该奋斗。但是，当发现情势已不能挽回时，我们就最好不要再思前想后，拒绝面对。要接受不可避免的事实，唯有如此，才能在人生的道路上掌握好平衡。

在这个世界上，每个人都不可能事事顺心、处处如意。如果终日因为那些自己根本不可能改变的客观环境而怨天尤人，就根本没有办法也没有时间感受那些原本属于自己的快乐，更不用谈追寻自己的理想和兴趣了。因此，无论是在生活上还是在工作中，只要尽了自己的全部努力，就应该对自己表示满意，并尽量享受其中的乐趣。对于每一个人来说，这种冷静、豁达和务实的态度尤为重要。

| 松开手，世界就在你手中

换一种眼光，世界也许会更美

每个人、每件事都会有缺点，完美只是一种追求，我们不能强求别人十全十美，就像别人不能强迫我们一样。

一个年轻人不远万里去寻找幸福，当他来到一个小村庄的时候，他看见村子里的人个个都喜气洋洋的。年轻人想，这里的人看上去都这么快乐，在这里一定能找到幸福。他拦住一个面色安详的老者问："老人家，我是来寻找幸福的，看你们都这么高兴，幸福是不是就在这里？"老者并没有直接回答他的问题，而是反问了他一句："你觉得你的家乡怎么样？"年轻人苦恼地回答："那个地方糟透了，又穷又封闭，我在那里一天都待不下去！"老者笑着对年轻人说："那你快走吧，这里也没有你要找的幸福。"

在生活中，我们总会碰到一些不能让自己满意的人或者事情，而这样的情况是无法避免的，创世主在造物之初就拟定了这样的规则，没有人会因为我们不喜欢他而将自己改变成我们喜欢的样子。同样，我们也不是完美的人，也不能让全世界的人都喜欢我们。我们的生活需要这样的不完美，这是美味佳肴必不可少的调剂品，没有那些让我们心生不快的事物，我们就不能成长、不能有所收获，就永远学不会宽容。

我们不能因为一个孩子的顽皮就否认他那种天生的纯真和可爱，没有哪个妻子因为丈夫贪杯而轻易否定自己的家庭，事情总是在宽容中得以安然地继续下去，人在内心里都抱有一份淡然和容忍，对没有必要计较的事情都会宽大处理，这样的人生才过得舒心。当一个人整天为了身边的小事抱怨不休

第九章 灵活变通——改变不了世界就改变自己

的时候,那么,他离幸福的生活将会越来越远。古希腊著名哲学家苏格拉底就是我们学习的好典范。

当苏格拉底和朋友一起住在一个嘈杂的小屋子里的时候,人们看到这位伟大的学者丝毫没有因为恶劣的环境而影响自己的心境,他依旧每天笑对生活,似乎没有什么烦恼,人们不解地问他为什么,只听这位伟大的学者回答道:"这间屋子虽然小,但是我可以和我志同道合的朋友们天天在一起学习和研究,有什么不值得我高兴的呢?"

当那群朋友都搬走之后,人们看到苏格拉底并没有因为朋友的离开而让脸上的笑容一起离开,苏格拉底还是一副笑对人生的样子,人们不禁又有了疑问,这时候,苏格拉底说:"我的朋友们虽然走了,但是我最真挚的书友还在这里,我的房子里有一生都不会离开我的书籍,有它们陪着我,我为什么不高兴呢?"

苏格拉底结婚以后搬到一座7层楼的楼房中,但是他们家在最底层,环境脏乱差,经常会有垃圾成堆的情况出现,但是苏格拉底依然是笑着生活在这样的环境中,他说这样好,因为如果他的那些朋友来拜访他,就不用爬楼梯了。当他住在7楼的时候,他又觉得住7楼好,因为他能够爬楼梯,锻炼身体。

这位学者总是用最智慧的眼光看待自己周围的恶劣环境,他没有一味地抱怨,而是淡然处之,如果苏格拉底和世俗之人一样因为对环境不满而怨天尤人的话,那么,苏格拉底就再也不是苏格拉底了。

当我们不能改变外在因素的时候,我们可以改变心境,换一个角度去看人、看物,那么,我们将发现世界呈现我们眼前的是一种前所未有的美好景象。而且,世界上很多人处在逆境中时,没有埋怨,而是积极地面对那些人和事,积极乐观地生活,他们打破了大自然给他们的天然桎梏,释放自己,让自己在社会这个巨大的生物链中发挥自己应有的作用,所以他们中有的人能够成为学者、科学家、商人、政界大员,如果他们也一味地抱怨世界,那

| 松开手，世界就在你手中

么就只能淹没在泛泛洪流之中了。

　　人的生命不长，与其把时间浪费在不满上，不如换种眼光去看世界。每个人、每件事都会有缺点，完美只是一种追求，我们不能强求别人十全十美，就像别人不能强迫我们一样。当我们淡然处世的时候，就会发现人并不是想象中的那般面目可憎。

遇到弯路就要转弯

　　在人生的单行道上，我们不会一直畅通无阻。当遇到人生瓶颈的时候，要懂得转弯，只靠一股向前的闯劲只会让我们头破血流。

　　美国著名企业家李·艾柯卡在担任克莱斯勒汽车公司总裁时，为了争取到10亿美元的国家贷款以解公司之困，他在正面进攻的同时，采用了迂回包抄的方法。

　　一方面，他向政府提出了一个现实的问题，即如果克莱斯勒公司破产，将有60万左右的人失业，第一年，政府就要为这些人支付27亿美元的失业保险金和社会福利开销，政府到底是愿意支付这27亿美元还是愿意借出10亿美元极有可能收回的贷款？另一方面，对那些可能投反对票的国会议员们，艾柯卡吩咐手下为每个议员开列一份清单，清单上列出该议员所在选区所有同克莱斯勒有经济往来的代销商、供应商的名字，并附有一份万一克莱斯勒公司倒闭，将在其选区造成的经济后果的分析报告，以此暗示议员们，若他们投反对票，因克莱斯勒公司倒闭而失业的选民将怨恨他们，由此也将危及他们的议员地位。

第九章 灵活变通——改变不了世界就改变自己

这一招果然很灵,一些原先强烈反对给克莱斯勒公司提供贷款的议员闭了嘴。最后,国会通过了由政府支持克莱斯勒公司15亿美元的提案,比克莱斯勒公司原来要求的多了5亿美元。

在人生的单行道上,我们不会一直畅通无阻。当遇到人生瓶颈的时候,我们要懂得转弯,只靠一股向前的闯劲只会让我们头破血流。

在生活中,我们难免会因为一些竞争而与对手针锋相对。矛盾也许不可避免,但是我们没有必要跟对手斗个你死我活。如果真的躲不过去,也不要跟对手硬拼,要懂得利用智慧和技巧,从方法上取胜。聪明的人懂得在危险中保护自己,而愚蠢的人则喜欢依靠蛮力,即便耗掉自己全部的精力也要与对手拼个高下,弄得自己没有回旋的余地。

有一则脑筋急转弯是这么说的:"一个人要进屋子,但那扇门怎么拉也拉不开,为什么?"答案是:因为那扇门是要推开的。

顺治元年(公元1644年),清王朝迁都北京以后,摄政王多尔衮便着手进行武力统一全国的战略部署。当时的军事形势是:农民军李自成部和张献忠部共有兵力40余万;刚建立起来的南明弘光政权汇集江淮以南各镇兵力也不下50万人,并雄踞长江天险;而清军不过20万人。

如果在辽阔的中原腹地同诸多对手作战,清军兵力明显不足。况且迁都之初,人心不稳,弄不好会造成顾此失彼的局面。

多尔衮审时度势,机智灵活地采取了以迂为直的策略,先用怀柔政策拉拢南明政权,集中力量打击农民军。南明政权果然放松了对清朝的警惕,不但不再抵抗清兵,反而派使臣携带大量金银财物到北京与清廷谈判,向清求和。这样一来,多尔衮在政治上、军事上都取得了主动地位。

顺治元年7月,多尔衮对农民军的打击取得了很大进展,后方亦趋稳固。此时,多尔衮认为最后消灭明朝的时机已经到来,于是,发起了对南明政权的进攻。当清军在南方的高压政策和暴行受阻时,多尔衮又施以迂为直之术,派明朝降将、汉人大学士洪承畴招抚江南。顺治五年,多尔衮以他的谋略和气魄，基本上完成了清朝在全国的统治。

绕圈的策略，十分讲究迂回的手段。特别是在与强劲的对手交锋时，迂回的手段高明、精到与否，往往是能否在较短的时间内由被动转为主动的关键。就像多尔衮一样，不跟对手硬拼，而是用迂回的手段，最后各个击破，完成了统一。

在获得成功的道路上，有无数的坎坷与障碍需要我们去跨越、去征服。人们通常走的路有两条：一条路是找出对手的弱点，并给予致命的一击，用最直接的方法快速解决问题；另一条路是懂得放弃，不跟对方硬拼，全面增强自身实力，在人格上、知识上、智慧上、实力上使自己加倍成长，最后变得更加成熟、更加强大，在策略上战胜对方。

在一些暂时没有办法解决的事情面前，我们应该学着变通，不能死钻牛角尖，此路不通就换另一条路。有更好的机会就赶快抓住，不能一条路走到黑。生活不是一成不变的，有时候我们转过身就会发现，原来我们身后也藏着机遇，只是当时我们赶路太急，忽略了那些美好的事物。

此路不通就另找一条

我们在做事的时候，要懂得思考，不要刻意地去模仿别人，要充分地发挥自己的聪明才智，在变通中寻找出路，在思考中找到解决问题的最佳途径，从而达到事半功倍的效果。

小叶毕业后做了一名编辑。有一次他需要向一位名作家邀稿，那位作家一向以难以对付著称，所以在去那位作家的家之前，小叶感到既紧张又胆怯，

第九章　灵活变通——改变不了世界就改变自己

心里惴惴不安。

开始并不成功，因为不论作家说什么话，小叶都说"是，是"或者"可能是这样的"，局促不安的他无法开口说明邀作家写稿的事。于是，他决定改天再来向作家说明这件事，今天就随便聊聊天。

就在他快要和作家告辞的时候，突然间他脑中闪过一本杂志刊载的有关这位作家近况的文章，于是就对作家说："先生，听说您有篇作品被译成英文在美国出版了，是吗？"

作家倾身过来说道："是的。"

他继续说道："先生，您那种独特的文体，用英语不知道能不能完美表达出来？"

"我也正担心这点。"作家饶有兴趣地说。

他们滔滔不绝地说着，气氛也逐渐变得轻松，最后他顺理成章地提出邀作家写稿的要求，作家爽快地答应了。

这位不轻易应允的作家，为什么会为了小叶一席话而改变了原来的态度呢？因为他认为小叶并不只是来要求他写稿，他认为小叶不仅读过他的文章，对他的事情还十分了解，不是随便地应付。所以，我们在跟人打交道的时候，不妨让对方认为我们对他的事非常清楚，这样不仅能拉近人与人之间的距离，还可以像小叶一样在心理上占优势。

变通，就是以变化自己为途径，通向成功。我们在做事的时候，要懂得思考，不要刻意地去模仿别人，要充分地发挥自己的聪明才智，在变通中寻找出路，在思考中找到解决问题的最佳途径，从而达到事半功倍的效果。

在面对令人敬畏之人的时候，在提出自己的请求前，最好先兜个圈子，提及对方的兴趣或近况，使对方觉得"这人好像很了解我"而加深他对自己的印象。

通过这种变通的方式打开对方的心扉，将他拉进自己的话题中，然后再绕回自己的主题，那么达到目的就水到渠成了。

松开手，世界就在你手中

在人生道路上，我们会发现有些事有时会出乎自己的意料，并不会按照自己的想法去发展。一个人的做事准则多半是从书本上学来的，是前人的智慧结晶，但是，尽信书不如无书，有时候书本上的知识会和实际生活有很大的出入，所以，我们不能一味地按书本中的方法去解决生活中的难题，生硬地去运用，只会弄巧成拙。

有一种水鸟是以食鱼为生的，但其嘴的形状是直的，上下两部分都又长又宽阔，在吞食鱼的时候很容易被卡住。于是，在吞吃食物时，它们常常把捕到的鱼儿往空中一抛，让鱼头朝下、尾朝上落下来，然后接住咽下去，这种吃法可以使鱼在通过咽喉时，鱼的骨头由前向后倒，不会卡在喉咙里。

社会复杂多变，人心叵测，为人处世、求人办事也一样会碰到各种"刺儿"，这个时候便要懂得变通，人挪死，树挪活，这是做人应该具备的策略和手段。连鸟都知道"把鱼倒过来吃"，聪明人就更不会赤膊上阵，硬碰钉子，让刺卡在喉咙中了。

跟随时代的潮流是为了引领这个潮流。在这个潮流的浪尖上，每个人都有自己的宏伟蓝图，如果遇到难题，不妨施以巧计，在变通中寻找出路，从而走向成功。我们在面对一个难题时要懂得变通，多想出路，也许这里是个死胡同，但那里却是一个充满花香的小巷。

找准位置才有可能成功

没有一个人生来就是弱者，只是有的时候找错了人生的方向而已，在这个时候，不要一味地否定自己，要相信，每一个人都有自己的优点。

第九章　灵活变通——改变不了世界就改变自己

有一个人，他从小到大都是一名失败者，失败仿佛永远陪伴在他的身边。他感到上天不公平，于是，他决定去寻找上帝，询问上帝成功是什么。

这个人翻山越岭，来到河边，见到一位渔翁，就走过去问："老人家，成功是什么？"那位渔翁就回答他："成功就是能每天都钓到鱼。"

这个人继续他的旅途，他渡过了河，来到了森林中，遇见一个正在赶路的猎人，就问他："成功是什么？"那个猎人就回答他："成功就是每天都能捕获野兽。"

他听了，又继续赶路。这个人穿过了森林，也穿过了沙漠，来到沙漠边缘，找到了上帝，问："成功是什么？"上帝很慈祥地回答："成功是生活，成功是经验，成功是汗水。年轻人，不要执着于成功，而应享受成功的过程。"年轻人听后，顿时明白了，就辞别了上帝，回家去了。

到家之后，他将旅途上的所见所闻写了下来，出了一本书，他凭借着这本书获得了成功。

很多人都想成功，却很难成功，为什么呢？因为他们不懂得贴近生活，收集生活中的经验和智慧，没有付出汗水，所以，就不能成功。

人生的考场无处不在，但满分的标准不止一个，我们有许多个角度给自己评分。在与他人的竞争中脱颖而出固然是成功，但有勇气不断超越自己、不断超越过去的人，同样也是成功。如果只知道被动地接受世俗化的成功标准，就只能在人云亦云的氛围中迷失自我，盲目地选择那些并不适合自己的成功之路。

有一句话是这样说的："废品，是放错了位置的宝贝。"这句话有一定的合理性，废品如果放在废品堆里，它只能是废品，但是把它放在回收站里，合理利用，它就会变成宝贝。

俗话说："三百六十行，行行出状元。"每个人都有自己的个性与爱好，只要找出自己的特长，给自己一个正确的定位，成功就离自己不远了。没有一个人生来就是弱者，只是有的时候找错了人生的方向而已，在这个时候，

松开手，世界就在你手中

不要一味地否定自己。要相信，每一个人都有自己的优点，只要我们善于发现，术业有专攻，那么，在特定的领域里，我们就一定可以成为佼佼者。

杰克读高中的时候，有一天校长找到他的母亲说："你的儿子也许不适合读书，他的理解能力非常差，甚至比不上比他小很多的孩子。"

母亲很伤心地将杰克领回家，准备在家里自己培养他，但是一段时间过后，母亲发现杰克对学习根本就不感兴趣。

一天，母亲带着杰克去街上买东西，当他们路过一家正在装修的超市时，杰克发现有一个人正在超市门前雕刻一件艺术品，杰克对此产生了浓厚的兴趣，他凑上前去，好奇而又用心地观赏起来。从那以后，母亲发现杰克只要看到什么材料，包括木头、石头等，必定会认真而仔细地按照自己的想法去打磨和塑造它们，直到它们的形状让他满意为止。母亲很着急，她怕儿子玩物丧志，耽误了学习。

杰克最终还是让母亲失望了，他没有考上大学。在母亲眼中他成了一个彻底的失败者。杰克也很难过，但还是决定远走他乡去寻找自己的事业。

许多年后，市政府决定将一位名人的雕像安放在广场上，以此来纪念这位名人。面对这样的机会，众多的雕塑大师纷纷献上自己的作品，每个人都期望自己的作品能被选中，这将是难得的荣耀和成功，最终一位远道而来的雕塑大师获得了市政府及专家们的认可。

在雕像落成时，这位雕塑大师说："我想把这座雕塑献给我的母亲，因为我读书时没有获得她期望中的成功，我的失败令她伤心失望。现在我要告诉她，大学里没有我的位置，但生活中总会有我一个位置，而且是成功的位置。我想对母亲说的是，希望今天的我至少不让她再次失望。"

这位雕塑大师就是杰克。在人群中，杰克的母亲喜极而泣。她终于明白自己的儿子不笨，只是当年她没有把他放到一个合适的位置上而已。

像杰克一样成功的例子并不少见，爱因斯坦因那个做坏了的小板凳而被老师讥笑，后来却成了世界闻名的大科学家。

第九章　灵活变通——改变不了世界就改变自己

现实生活中，父母因为望子成龙、望女成凤心切，不根据孩子的兴趣，而是按照自己的理想规划孩子的人生，从而违背孩子的意愿对其进行培养，殊不知这样可能会压抑孩子的学习兴趣，以致使其对学习失去兴趣。只有合适地定位，才有助于理想的实现，否则埋没的也许将是一个天才，这并不是骇人听闻。

是小鸟，就要飞翔；是蜡烛，就要发光；是音箱，就要歌唱。每一样东西、每一个人都有自己的特点。只有找准了自己的位置，人生才有成功的可能。因此，人活在世上，要想摒弃平庸的生活、追求成功就要首先给自己定位。我们在给自己定位的时候，一定要了解自己的优势和弱势，明白自己的追求和愿望，只有这样，才能找到适合自己的位置。给自己合理地定位，少走些弯路，我们也能早日摆脱庸碌的压力，回归轻松自信的生活状态，人生才会更加精彩。

摒弃多余的才不会迷失方向

世界上最终能够攀上顶峰的毕竟是少数人，只要根据自己的能力，坚守自己的梦想，抱着一种顺其自然的心态去追求，为此付出努力，就能够问心无愧。

艾玛是一个青年作家，有一次，她应邀去另一个城市参加一个重要会议。到了那个地方，艾玛被安排在一个没有电梯的宾馆，几趟下来，她感觉腿脚发麻，浑身无力。而与她一同参加会议的一位年迈的老太太却大气不喘，精神焕发。

松开手，世界就在你手中

艾玛与老人闲聊后才知晓老人已经有 70 岁高龄，是这次会议的特邀嘉宾。这么大的年龄还有这么好的身子骨和精气神实在令艾玛十分佩服，于是她向老人讨教养生秘诀。

老人说："我的秘诀就是：忧愁穿脑过，梦在心中留，对什么事情都不去苛求，不让自己活得太累。"

在谈到自己的梦想时，老人说，自己在生活中与人无争，与己有求，但不过分苛求。她根本不想做名人，不想当明星，只想做个有所为又有所不为的文学爱好者。在她 30 多岁的时候，当明白自己一生所要的不过是清清淡淡一碗饭后，就主动放下了许多事情，让每天的生活不闲着，也不劳累，早上起来跑跑步，白天读读书，晚上有空写写字，从来都是睡得甜、吃得香，从不为什么事情去担忧。然而，正是这种看似平淡的心境，才让自己能够沉淀下来，静下心来，为自己创造了极好的创作空间，最后成为一个了不起的作家。

老人乐观豁达，与己有求，但又不故意苛求，这是她健康长寿并且获得成功的重要因素。现实中的我们，不论年轻也好，年老也好，每个人心中都应该有一个照亮心灵的梦想，但是，对于梦想不要过于苛求，不必为自己制定什么硬指标，比如每月一定要给自己制定完成梦想的具体额度、几年之内要做到什么位置、一生要留下多少财富等，这样就是对自己苛求，是和自己叫板，与自己过不去，只会让自己活在劳累和疲惫之中。

走在路上，看到行色匆匆的人，他们眼神空洞，眉间流露出一丝疲惫，这一张张麻木的脸让我们体会到我们真的应该给自己减轻一些压力了，不要给自己的心灵建上一座牢固的监狱，我们要让那些痛苦与忧虑远离我们，还给我们一个纯洁本真的心灵。我们要知道，世界上最终能够攀上顶峰的毕竟是少数人，只要根据自己的能力，坚守自己的梦想，抱着一种顺其自然的心态去追求，为此付出努力，就能够问心无愧，这样才能让自己感受到追求梦想过程中的快乐与幸福。

第九章 灵活变通——改变不了世界就改变自己

爱琳·詹姆丝是美国著名的作家,她的一生都倡导人们要过一种简单的生活,她认为只有简单地生活才能活出自我来。

爱琳·詹姆丝在年轻的时候不仅是个作家,还是一个投资人兼一个地产公司的投资顾问。她在努力奋斗了十几年后,突然有一天,她坐在自己的办公桌前,呆呆地望着这些写满密密麻麻事宜的日程安排表。这时候,她的内心被触动了一下,她意识到自己再也忍受不了这张令人发疯的日程表了,自己的生活确实太过复杂了,用这么多乱七八糟的事情来将自己清醒的每一分钟都塞得满满的,简直就是对自己的一种折磨,也是一种极为疯狂愚蠢的生活。也就是在这个时候,她做出了一个决定:摒弃这些无谓的忙碌,给自己的心灵放个假。

于是,她开始着手给自己列出一个清单来,将那些需要从自己的生活中清除的事情都罗列出来。然后,她采取了一系列"大胆"的行动:取消了当日所有的电话预约,并将堆积在办公桌上所有读过或没有读过的报纸和杂志全部都清除掉。她也注销了自己的全部信用卡,为了不让每月收到的账单函件打扰自己。

就这样,她通过改变自己的日常生活与工作习惯,使她的房间与庭院的草坪变得更加简约、整洁。原本她每日的清单总共有80多项内容,经过她的清除后,变为了10多项内容。将自己的日程化繁就简后,爱琳·詹姆丝得到了许多空闲的时间,心灵也得到了休整,整个人快乐了许多。

爱琳·詹姆丝在自己的作品中说:"我们的生活已经太过复杂了。在我们今天这个历史进程中,从来没有像我们今天这个时代拥有如此多的东西。这些年来,我们一直被太多外在的物欲诱导着,我们误以为自己只要努力就一定会拥有一切东西,但是,这些东西事实上却使我们沉溺其中并且心烦意乱,因为它们使我们失去了创造力。与其这样忍受折磨,不如舍弃这些东西,给自己的心灵多腾出时间来休个假,这样才能使我们的创造力永远旺盛。"

在现实生活中,我们也可以像爱琳·詹姆丝这样,在忙碌的时候停下来反

松开手，世界就在你手中

思一下自己：每天有多少事情是不得不勉强去做的？追求外在的舒适和烦琐地例行公事是否让我们的生活也落入浪费时间、浪费精力的陷阱中？

其实，如果我们能及时减少那些程式化的活动，并不会因此而减少让自己心灵获得快乐的机会。这些工作使我们表面看起来是有所追求、是积极向上的，但是仔细分析过后才突然发现，我们陷入了为忙碌而忙碌的怪圈之中。为了不承担懒惰、消极的恶名，或者为了一些外在的可有可无的消费享受，我们不得不将自己支使得团团转，这实在是一种极为错误的心态。

我们时常感觉到生活充满了压抑，除了我们给自己额外增加了一些不必要的工作之外，心灵的重负更是让我们活得很累的元凶。很多时候，我们总是活在我们自己给自己套上的精神枷锁里，让我们仅有的一点空闲时间都被失意和伤心占据。所以，那些忙碌的人们以及生活中喊"累"的人是该清醒一下了，只要能静下心来仔细分析一下，就会发现很多东西是需要我们放下的，摒弃这些多余的东西，才能让自己不迷失方向。

第十章
淡泊名利——富贵于我如浮云

> 人的欲望如下山猛虎,许多追求成功的人在不知不觉之间就成了骑在虎背上的人——想下都下不来,在不知不觉间堕入利令智"昏"、财"迷"心窍的"昏迷"状态,最终沦为欲望的奴隶,在名疆利场上被欲望之鞭任意驱使。而这样一个被名缰利锁捆绑的人是不自由的。

第十章　淡泊名利——富贵于我如浮云

欲望是永远填不满的壑

欲望是一道永远都填不平的沟壑,唯一应对不断膨胀欲望的方法是克制自己的欲望,把自己的欲望控制在合理的范围内。

俗语云:"欲壑难填,做了皇帝想神仙。"欲之不剪就会使心如洪水猛兽,出手就穷凶极恶,显身就面目狰狞。所以,只能用智慧之剪去修剪欲望,才可保一世平安。

叔本华说:"欲望过于剧烈和强烈,就不再仅仅是对自己存在的肯定,相反会进而否定或取消别人的生存。"用"上帝的命定"或"天理"来取消或压制别人的欲望是不合理的,但过度推崇与放纵欲望也是愚蠢的。欲望不是纯粹的、绝对的东西,它需要理智的调控与节制,它也绝不可能像有人声称的那样是文明发展的唯一动力。

"人欲"是一切人类活动的起始,把握这个主宰一切的本源,将会获得无穷无尽的能量。人是欲望的产物,生命是欲望的延续。然而欲望的有效性与必要性是有限度的,满足不是绝对的,总有新的欲望会无休止地产生出来。由于欲望这种不知餍足的特性,欲望的过度释放会造成破坏的力量。

据说,曹操做魏王的时候,在他的封地有一个乞丐,总是遭到市民们的鄙视和欺负。乞丐感到很委屈,他问:"天底下有的是乞丐,甚至连魏王也是。可是,你们为什么那么尊敬魏王,却这样瞧不起我呢?"

松开手,世界就在你手中

市民们冷笑道:"你凭什么说魏王是一个乞丐呢?如果你能够证明给大家看,我们也可以像尊敬魏王一样尊敬你。"

乞丐决定设法找到魏王,做一个证明。然而,魏王是那样高高在上,而他却是一个乞丐,每当他试图接近魏王时,魏王的随从们就会把他痛打一顿,然后把他赶走。

功夫不负有心人,他终于找到了一个机会。他发现魏王每天傍晚都会到王宫附近的僻静小道上散步,于是,他就躲在那里等待魏王。他看见魏王远远地离开了随从们,沿着小道独自走来,似乎在苦苦思索着什么。他等待着时机,突然出现在魏王面前。

魏王被吓了一大跳,问他:"你要干什么?"

"我不想干什么,"乞丐说,"我只想讨一点钱。"

原来只是想讨一点钱啊。魏王舒了一口气,然后问:"你需要多少?"

乞丐说:"我只有一个破碗,你只要能够装满它就行。"

魏王笑了起来,说:"好吧,我答应你。"他唤来了仆人,命令他们去拿一些钱来。奇怪的事情发生了,当这些钱倒入乞丐的破碗时,仅仅只停留了几秒钟,就消失得无影无踪。

怎么会发生这样的事情呢?魏王感到非常诧异。他吩咐仆人们搬来更多的钱,但那些钱每一次都只能在乞丐的破碗中停留几秒钟,然后就消失得无影无踪。魏王被惊骇得出了一身冷汗,扑通一声跪倒在乞丐面前,请求乞丐放过他。

现在,轮到乞丐笑了,他解释说:"这个破碗是一个填不满的穷坑,它的名字叫作欲望。因为这个欲望,你我其实都是乞丐。"

高高在上的魏王,居然被一个乞丐引以为同类。虽然占有的财富和社会地位不一样,但欲望的状态却是相似的。

有个老捣蛋鬼看到人们的生活过得太幸福了,他对小捣蛋鬼们说:"我们要去扰乱一下,要不然捣蛋鬼就不存在了。"

第十章 淡泊名利——富贵于我如浮云

他先派了一个小捣蛋鬼去扰乱一个农夫。因为他看到那农夫每天辛勤地工作,可是所得却少得可怜,但他还是非常知足,还是那么的快乐。

小捣蛋鬼就想:"要怎样才能把农夫变坏呢?"他就把农夫的田地变得很硬,让农夫知难而退。那农夫对着田地挖了半天,做得好辛苦,但他只是休息了一下,还是继续挖,没有一点抱怨。小捣蛋鬼看到计策失败,只好摸摸鼻子回去了。

老捣蛋鬼又派第二个去。第二个小捣蛋鬼想,既然让他更加辛苦也没有用,那就拿走他所拥有的一切吧!于是,第二个小捣蛋鬼就把农夫为午餐准备的馒头和水偷走了。他想,农夫做得那么辛苦,又饿又累,却连馒头和水都吃不上,他一定会暴跳如雷!

农夫又渴又饿地到树下休息,却找不到馒头和水了,他叹了一口气说:"不知道是哪个可怜的人比我更需要馒头和水,如果这些东西能让他温饱的话那就好了。"

第二个小捣蛋鬼只好又弃甲而逃了。

老捣蛋鬼觉得奇怪,难道没有任何办法能使这个农夫变坏?这时第三个小捣蛋鬼对老捣蛋鬼说:"我有办法一定能把他变坏。"

小捣蛋鬼先去跟农夫做朋友,农夫很高兴地和他做了朋友。因为捣蛋鬼有预知的能力,他就告知农夫,明年会有干旱,教农夫把稻种在湿地上,农夫便照做了。结果第二年别人没有收成,只有农夫的收成满坑满谷,他因此而富裕了起来。

小捣蛋鬼每年都对农夫说当年适合种什么,三年下来,这农夫就变得非常富有了。小捣蛋鬼又教农夫把米拿去酿酒贩卖,赚取更多的钱。慢慢地,农夫开始不工作了,靠着贩卖的方式,就能获得大量金钱。

有一天,老捣蛋鬼来了,小捣蛋鬼就告诉老捣蛋鬼说:"你看!我现在要展现我的成果。"农夫办了个晚宴,喝最好的酒,吃最精美的餐点,还有好多的仆人伺候。他们尽情吃喝、衣裳凌乱,醉得不省人事,开始变得痴呆愚蠢。

这时，一个仆人端着葡萄酒出来，不小心跌了一跤。农夫开始骂他："你怎么做事这么不小心？""主人，我们到现在都没有吃饭，饿得浑身无力。""事情没有做完，你们怎么可以吃饭！"农夫恶狠狠地说。

老捣蛋鬼见了，高兴地对小捣蛋鬼说："你太了不起了！你是怎么做到的？"

小捣蛋鬼说："我只不过是让他拥有比他需要的更多而已，这样就可以引发他人性中的贪婪。"

欲望是不可能被满足的。欲望就是这样一个捣蛋鬼，它让我们用各种不同的乞讨方式去占有，无论是赌博、欺骗、哀求，还是巧取豪夺。

究竟是什么让一个人变坏、产生恶念？说到底就是贪婪和无止境的欲望。贪婪和无止境的欲望是让人变坏、产生恶念的根本原因。欲望是一道永远都填不平的沟壑，唯一应对不断膨胀欲望的方法是克制自己的欲望，把自己的欲望控制在合理的范围内。因此，我们在努力追求梦想时，不要让人性的弱点靠近自己，不要忘了自己最初的本心。

欲望过多就成了贪欲

名利好像是一双鞋子，里面是不是舒服，只有脚指头才明白。有时候外面看着美人，里面却正经受着痛苦的煎熬，这时，倒不如把鞋子脱了，把脚指头解放出来。

在人生的路上我们要致力于远大。志向要高远，目光要长远，不拘泥于

第十章 淡泊名利——富贵于我如浮云

世俗纷扰，不拘泥于雕虫小技，不拘泥于蝇头小利。致远，同样离不开坚守正道，离不开友爱他人，奉献社会，如果我们的致远是用来致力于让自己的私利和私欲走得更远，得到更多，那我们很可能会走不了多远就跌入自己设置的人生陷阱中。如果我们做到了有意义的宁静、正确的致远，那此刻宁静以致远也就浑然天成了。

在人生的路上，我们不可能摆脱世俗的纷争和烦扰，但我们可以尽量远离。在这个世间，有太多的人，一头扎进名利的路上而不能自拔，卷入世俗的纷争和烦扰，并且以此为乐。某些人在名利的路上，在世俗的纷争中，不惜抛去亲情，抛去爱情，抛去人性中本应坚守的诸如善良、友爱、公平、正义等美好的情怀，有的甚至拼掉健康和生命却始终无法回头。这其中，有些人成功了，有些人失败了，有些人因得到一点蝇头小利而得意扬扬，耻笑他人，有些人因失去一点蝇头小利，而得不偿失。

古代有一个王国，国王刚刚登基，外族都不臣服，经常犯边滋扰。于是，国王就召开会议，决定用武力使四夷臣服，进而安定边疆。

国王做好了决定就颁布诏书，民间要是有肯为国出力者，皆有重赏。不出10天有3个年轻人应召而来。高个子的叫若木，善骑术；矮个子的叫宾蒂，善射术；中等个子的叫天定，善于谋略。国王择日让他们3个带领大军开赴边疆了。

日子不多，边疆的喜讯不断传来，3个年轻人屡建奇功。一个月以后，边疆得到了安宁，四夷全都宾服。得胜之师回到都城，国王要给将士论功行赏。

国王对3个年轻人说："有什么要求尽管说！"

若木说："我要做大将军，为陛下镇守边关！"

宾蒂说："我要做尚书，替陛下分担国事！"

天定却说："我一不当官，二不领兵，三不要钱。我只希望陛下能赐我一群牛羊和一块牧场！"

松开手，世界就在你手中

国王很惊诧，不过还是——满足了 3 个年轻人的要求。

过了若干年，天定正在牧场上吹着笛子，欢快地牧羊的时候，消息传来，若木和宾蒂因为权势过大，遭到了国王的猜忌，全都被下狱了。

在人生的道路上，努力超脱名利，努力超脱世俗，努力做一个明白的人，做一个志向高远的人，做一个有高尚情操的人，做一个不仅仅有利于自己，还要有利于他人和社会的人，而这一切的前提就是坚守正道、坚走正途。淡泊名利就是对生活不挑剔、不苛求、不怨恨，于名利的沉浮与得失中，保持自己素朴的生存方式和平静的生活习惯。

名利好像是一双鞋子，里面是不是舒服，只有脚指头才明白。有时候外面看着羡人，里面却正经受着痛苦的煎熬，这时，倒不如把鞋子脱了，把脚指头解放出来。所以，名利是不需要强求的，只要安安静静地享用那一份自然得来的，就可以了。

名有好恶之分。有人为了出名，不惜干为人所耻的事情，得了恶名，也算成了名人；也有人欺世盗名暂时赢得了美誉，但终究会被人识别，到头来反而落人笑柄。利则相对要复杂些，因为利本身并无好恶之分。评价利的好恶，在于得到利的过程。有人默默无闻、埋头苦干，或凭自己的辛苦劳作，或凭自己的聪明才智，得了利，则其得之为当之无愧；也有人不择手段，玩人于股掌之上，得利虽超额，但有可能于自己的良心不安，惶惶不可终日，过日子并不安心。

说到底，名和利是付出的回报。只要舍得付出，名利必然会回报于人。只是，人要正确对待名利，超出自己承受力的名利，到头来反而会害了自己。世上的好东西太多了，但"任凭弱水三千，我只取一瓢饮"。名亦好利亦好，基本能过得去就行。

而淡泊名利的操守，只有历经磨炼，才能达到心境平和、宁静虚空。《菜根谭·应酬篇》说："淡泊之守，须从浓艳场中试来；镇定之操，还向纷纭境上勘过。不然，操持未定，应用未圆，恐一临机登坛，而上品禅师又成一下品俗士矣。"来到手中的，欣欣然接受；从手中溜走的，怡怡然放手。淡泊名利，是一个人完满的内心修养，是一个人高远的精神境界，是一种甘于奉献的灵魂陈述。

回归自己，心不再向外追逐

人生匆匆数载，功名利禄只是身外之物，只要我们努力前行，真实地面对我们所拥有的或将要拥有的一切，就会发现，能满足一个人的可以很多也可以很少。

人想要的东西越多，自己就越觉得匮乏；越是为自己着想，越觉得孤单；思索太多未来的事，反而忽略了现在。而当自己拥有更多的时间和空间平静下来时，可以更加清楚地看清自己、看清生活，从而更接近自己，聆听自己的心灵，去思考人生的一些根本问题，在这纷扰的尘世中发现自己和生活，找到方向。

人生匆匆数载，功名利禄只是身外之物，只要我们努力前行，真实地面对我们所拥有的或将要拥有的一切，就会发现，能满足一个人的可以很多也可以很少。人生天地之间，转瞬来去，就像是偶然登台、仓促下台的过客一样。人生既然如此短暂，活在世上就要珍惜人生，不要贪图权势，自酿苦酒。荣誉与权势，都是身外之物，也是水流花谢之物，万万不可一味去追求它们。如果为了争名夺利不择手段，那就无异于害人害己了。这样的人生有何乐趣？何况，争名夺利不但不会使我们流芳千古，甚至会让我们身败名裂呢！

每个人都与名利结下不解之缘，有的人一味地追名逐利，有的人则善待

松开手，世界就在你手中

名利。有些人因为贪婪，想得到更多的东西，却把现在所有的也失掉了。的确，许多人在名利场上失掉了理智的指南针，陷入了名利的旋涡，结果越陷越深，难以自拔。

欧阳修和苏东坡是历代推崇的名士，但他们仕途不顺之后写下的名篇，不也是在为自己的怀才不遇而愤懑，为名利上的郁郁不得志而寄情山水吗？今天，当运动员在刷新一项项世界纪录，科学家在攻克一道道世界难题时，他们难道没有丝毫受到金牌、荣誉和金钱的诱惑吗？不可否认，荣誉与金钱当然有激励作用。正因为在名利的驱动下，人类才会不断追求，在追求名利的过程中不断探索与创新。我们生活在名利之中，名利是我们生活的一部分。没有名利的人生是不完整的人生，不图名利的生活是不可想象的。老子所倡导的那种"小国寡民"、没有名利、远离名利的构想是不现实的。世上没有不为名利的超人，只有善待名利的智者。

名利绝不是万恶之源，关键在于我们如何面对。如果我们把名利看成一切，那么我们将迷失自我，名利会成为切断我们幸福的利刃；如果我们善待名利，将名利作为奋勇进取的动力，那么名利将成为我们的风帆，伴我们过征程，助我们走向成功。每一杯过量的酒都是魔鬼酿成的毒汁，多一点的贪婪都是幸福的刽子手。善待名利，我们将获得彩虹般绮丽的人生。

300年前，被康熙誉为"天下第一廉吏"的两江总督于成龙，为官20载每次升迁离任时，只用坛子装些当地的泥土留作纪念，每日糙米旧衣，形如樵夫，不贪不占不巧取，戒奢戒骄戒招摇。这与"三年清知府，十万雪花银"那种腐败的封建社会官场，形成了鲜明对照。他的品德为人所称颂，使当时江宁一带一改奢靡之风，以至在其病逝20年后，当地百姓仍念念不忘他的清廉之名。

与此相反的是西方的一个寓言故事。

一天，一个拥有无数钱财的吝啬鬼去牧师那儿祈求祝福。牧师让他站在窗前，看外面的街上，然后问他看到了什么，他说："人们。"

第十章 淡泊名利——富贵于我如浮云

牧师又把一面镜子放在他面前,问他看到了什么,他说:"我自己。"

窗户和镜子都是玻璃做的,但镜子上镀了一层银子。单纯的玻璃让我们能看到别人,而镀上银子的玻璃都只能让我们看到自己。

我们的眼睛常常被金钱所蒙蔽,只看到自己而看不到别人。这样的人能够拥有真正的幸福吗?

简朴不同于吝啬,正是由于简朴和节俭,才能使一个人慷慨大方地面对社会、面对他人,简朴就是美。生活也是这样,面对喧嚣的、物欲横流的社会,人们有时也会向往世外桃源般的生活,但是,能够不断得到的人不多,而舍得放弃的人更少。那种淡泊恬然的生活,能够说到又做得到的人毕竟不多。

在一般人眼里,总认为金钱越多的人越幸福,金钱越少的人越悲哀。诚然,幸福需要物质保证,但更重要的是要有精神支柱;精神支柱是人整个生命的"心脏",倘若没有它来支撑,再多的金钱也只不过是一堆纸罢了。金钱并不是幸福的源泉,幸福也不会是金钱的产物。只有以崇高的精神和勤劳的双手为基础,才能建造起人生真正的幸福大厦。

大文豪托尔斯泰所写的《追求幸福的伊利亚斯》中,就讲述了简朴精神的源泉。

伊利亚斯夫妇出身贫寒,他们立志要追求幸福,因此胼手胝足,努力营生,后来拥有了大量的财富。然而好景不长,由于种种原因家道衰落,富甲天下的伊利亚斯夫妇很快就没落了。到了老年,他们一贫如洗只得去帮佣。好在他们能乐天知命,在雇主家里,反而过着安全幸福的生活。他们曾说过:"当我们富有时,有许多事让我们操心,所以没有时间交谈,没有时间想到灵魂,向上苍祷告。我们忙碌又忙心,也常因浮躁而吵架。现在,我们清晨起来,会彼此说几句恩爱的话,生活平静而不争吵。我们只需要服侍主人,尽心为主人工作。我们工作回来,有晚餐可吃,有乳酒可喝,天冷有燃料可烧。我们有时间闲谈,有时间思考灵魂,也有时间祷告。50年来我们所追求的幸福,直到现在才找到。"

我们要重视生活中单纯简朴的态度,因为这是一种生活态度,一种处世心态,我们应满怀质朴的心对待生活,认真活在当下。

简朴生活,让自己更能贴近生活,可以让自己用另外的眼光去打量生活和发现生活中其他的乐趣。少了物质的隔阂,人与人之间,心与心之间,人与自然之间的沟通交流就更多了,更能感受自然生活的快乐,心不再向外追逐,而是回归自然,回归自己。

欲望无边,人心有度

如果说贪欲是抓住别人的手,那么淡泊则是守住自己的心。淡泊使人心平如镜,纵使万物入镜,心依然不染尘埃。

大名鼎鼎的石油大王洛克菲勒有一句这样的名言:"当玫瑰含苞待放时,须剪掉它周围的花骨朵。"这个道理是非常简单的,一枝花才能独秀,富有经验的园丁们都深谙此道,他们很清楚地知道,为了让树木更加茁壮地成长,为了让以后的果实结得更饱满,就必须要忍痛将这些旁枝剪去。否则,如果保留这些枝条,肯定会极大地影响将来的总收成。

做人其实就像养花一样,我们与其把所有的精力都消耗在许多没有意义的事情上,还不如看准一项适合自己的事业,然后集中所有的精力,埋下头来好好干,全力以赴,这样才会取得杰出的成绩。

名利心与生俱来。人一生下来就面对一个灯红酒绿、五彩缤纷的世界。如贪得无厌,会在"人比人气死人"的心理下产生忌妒;在蝇头微利面前

第十章 淡泊名利——富贵于我如浮云

言不由衷；在逢迎拍马屁中殚精竭虑；为一得而忘乎所以，为一失而灰心丧气……有了这种名利物欲之心，我们富了，还会"得一千，想一万"；名利双收了，还会"昨怜薄袄寒，今嫌紫蟒长"；名利无缘，会诅咒命途多舛；宏图受阻，会哀叹力不从心……这些都使我们陷入心力交瘁的泥潭而郁郁寡欢。

贪婪是指一种攫取远超过自身需求的金钱、物质财富或肉体满足等的欲望。贪婪的个体往往被视为是对社会有害的，因为他们的动机常忽视其他人的福利。

贪婪之人永远不知足，他们的欲望永远是个无底洞。具有贪婪性格的人，无休止地索取，到头来，得到的也都将失去。这是为什么呢？因为他们为了得到想要的东西，有时会费尽心机、不择手段，甚至走向极端。物极必反，能不付出代价吗？

有一个富翁背着许多金银财宝，到处去寻找快乐，可是找了很久都未能找到他想要的，于是他沮丧地坐在山道旁。

一个农夫背着一大捆柴草从山上走下来，富翁拦住农夫问："我家财万贯，衣食无忧，请问，为何我没有快乐呢？"农夫放下沉甸甸的柴草说："你想要快乐？很简单，放下！"

富翁茅塞顿开：自己背负那么多的珠宝，老怕自己被人暗害，珠宝被人抢，整日忧心忡忡，快乐从何而来？于是富翁将珠宝、钱财救济穷人，在看到那些穷人欣喜若狂时，他从中尝到了快乐的味道。

世界上第一个不使用氧气登上珠穆朗玛峰的人，当他下山后别人问他成功的秘密时，他郑重其事地说："这没什么秘诀，我知道大脑是一个重要的氧气源，科学家告诉我们，各种思想在大脑中相互撞击时竟要消耗我们吸入全部氧气的40%，所以，为了减少对氧气的消耗，我只有向前这个念头，至于其他的任何想法我都把它们从脑子里抛掉。没有任何的杂念，我就等于放下了一个背在身上的巨大的包袱，轻松地向前。这就是我成功的全部秘密。"

松开手，世界就在你手中

很多人利欲熏心，陷入你争我夺的境地，快乐从何而来？他们往往心事重重，做梦都半夜惊醒，老疑神疑鬼，萌翳不开，快乐又怎么会与他们有缘？放下就是快乐，拨开云雾，卸下心灵的枷锁，在平平凡凡的生活中，我们将体会一种轻松如风、畅快淋漓的感动。

在面对名利时，如果只想贪图，欲望的沟壑就永远也填不满。贪心的人有一个共同特点，那就是忽略了自己的弱点，不顾一切地去满足自己的欲望。这时，即使危险摆在他的面前也无动于衷，因为他根本无法看到危险的所在。

古时候，有一位国王非常富有，但他还不满足，而是希望自己更富有。他希望有一天，只要他摸过的东西都能变成金子。结果这个愿望终于实现了，神赐给他一份大礼，只要他伸手摸任何物品，那个物品就会变成金子。他伸手触摸家中的每样家具，那些东西顿时就变成了黄澄澄的金子。国王高兴极了，他美滋滋地命令侍卫将金子装进金库里。

随后，国王就回宫殿与女儿一起吃早饭。长桌上放着咖啡、面包、烤鱼等食品，国王倒了一杯咖啡给女儿，女儿接过杯子惊奇地叫了起来："刚才还是个瓷杯，怎么一下子变成了金杯？"

国王高兴地对女儿说："我已有了点金术！我将成为世界上最富有的人。"他一边说，一边将一勺咖啡送到嘴中，可他的嘴唇刚一触到咖啡，咖啡立刻变成了金液，随即就硬化成一块金子。看到这情形，他不禁大吃一惊。他随手又拿起一片面包，但还没来得及掰开，它已成了金块。国王几乎绝望地拿起一块烤鱼，不用说，烤鱼也立刻变成了金子。

国王十分羡慕地望着女儿津津有味地吃面包和咖啡，就走到女儿面前，一面抚摸女儿，一面请女儿拿片面包给自己吃。突然间，他心爱的女儿也变成了一尊金像。

国王发疯似的大声喊叫："快来人呀！快来救救我的女儿！"

这时，神出现在了国王的面前，说："点金术一定给你带来了许多财富吧？"

第十章　淡泊名利——富贵于我如浮云

国王说:"现在我才真正明白,金子不是世界上最宝贵的东西,请给我解除点金术。"

神严肃地说:"我看得出来,你的心还没有完全从血肉变成金子,否则就无法挽救了。快去吧!跳进大花园旁的那一条小河,在河中装瓶水,把水洒在你要它变成原样的东西上。如果你真诚地去做,就可以补救你由于贪婪所造成的灾难。"

国王快步跑到河边,连鞋子也来不及脱去就跳进河中,想尽快将点金术冲洗掉。他带了一瓶河水跑回宫殿,用水洒向心爱的女儿,水一落到女儿身上,他就看到女儿的双颊恢复了红润的颜色!

国王拥抱着女儿说:"孩子,是父王害了你。从今以后,我再也不要点金术了。"

贪欲就像一条锁链,一个牵着一个,永不能满足;贪欲又如同一把干草,点火之后,拿着这支火把逆风而行,火就会愈烧愈大,很快就会烧到手心,若不能防守便会烧到手腕,再不放开就会祸及自身。所以,人要学会看淡,舍弃,保持一份淡泊。淡泊,就是要人们超脱红尘的诱惑,世俗的困扰,平淡地看待世间一人一事,豁达地面对人们的一得一失。如果说贪欲是抓住别人的手,那么淡泊则是守住自己的心。淡泊使人心平如镜,纵使万物入镜,心依然不染尘埃。

在生活中,是什么让我们不能心胸开阔,整日被忧郁、烦恼、焦躁、痛苦所占据?是贪欲。贪欲不仅会为我们带来许多的痛苦和失望,而且它们本身含有极大的危险性。所以,我们要放下贪欲心,只有放下贪欲,才会远离痛苦。

学会放下贪欲,首先,要做到信仰至上。人生总会有所追求,一个人如果心中没有远大的目标,势必就会看重眼前的名利。要淡泊名利,无私奉献,总要有肯为之奉献、为之牺牲的东西。近年来,有的人之所以看重名利,计较得失,并不是因为物质生活上更需要,或者因为荣誉感一下子变强了,而

> 松开手,世界就在你手中

恰恰在于理想淡漠了。失去了远大的目标,自然就会看重眼前的名利。

其次,要做到控制物欲。名利本身并不是人生追求的最终目的,追求名利主要还是为了满足欲望。因此,要淡泊名利,无私奉献,必须从根本入手,控制住自己的物欲。俗话说:"世上莫如人欲险。"如果抵御不了这种诱惑,总想高消费,而靠现有条件又满足不了,那就必然会去争,甚至有可能走上违法犯罪的道路。一个人的物欲越强,他的名利思想也就越强。反之,则比较容易淡泊名利,达到"人到无求品自高"的境界。

再者,要做到不攀比。不少人向组织张口的真实心态,有时并不是计较一职半级,也不是缺钱,而是出于同他人比较后产生的挫折感、失落感、不公平感。因此,要想淡泊名利,就必须学会正确比较。

人活在世上,无论贫富贵贱,穷达逆顺,都免不了要和名利打交道。名可以带来利,利可以带来烦恼,过重的名利思想更会给人带来无穷的烦恼。因此,树立正确的名利观,对我们每一个人来说都是十分必要的。

丢掉役心之物,别让心灵太累

我们想要活得潇洒自在,想要过得幸福快乐,就必须做到:学会淡泊名利享受、割断权与利的联系,无官不去争,有官不去斗,位高不自傲,位低不自卑,欣然享受清心自在的美好时光。

当我们毫不犹豫地将交通工具异化为身价砝码,当我们推波助澜地助长"房子崇拜",当我们变本加厉地加码孩子教育,是否想过,这当中也折射了我们内心隐秘的欲望:房子成为房奴"征服"城市的象征,孩子承载了"孩

第十章 淡泊名利——富贵于我如浮云

奴"对成功的渴求。物质的洪流漫过心灵的堤防，使得我们忘记了仰望星空、忘记了默观内心、忘记了幸福感真正的来源。

物质成了幸福的唯一来源，也成了衡量幸福的唯一标准。物质财富代表一切，甚至是社会地位的象征、精神生活的依托，科学被工具化、艺术被商业化、情感被功利化。

有一则故事，讲的是圣诞节之际，一户穷人没有什么钱过节，于是夫妇俩就教孩子们唱歌。住在楼上的富翁听到他们快乐的歌声，孤单的自己却不快乐，所以就拎了一袋子钱给穷人，条件是他们不许再唱歌。

穷人答应了富翁，接过钱却总担心会丢掉，东藏西藏也找不到好的地方放。孩子们不能再唱歌，一个个面面相觑，家庭里的气氛顿时变得冷清寂寥，穷人家也变得不快乐了。

不久，富翁听到外面有人敲门，打开门一看却是穷人。穷人把钱袋递给富翁："先生，我们不能答应您的要求。"于是，穷人的家里重新响起了孩子们欢快的歌声。

亚里士多德说："幸福还是不幸福，取决于人的自我灵魂。"这是对渴望幸福的人们一种有益的提醒。人的幸福感，既要靠社会创造的各种"发生条件"，也有赖个人内心的积极营造。其实，让我们心灵受累的，何止物质？一些消极的情绪、错误的观念，解不开的情结，都会影响我们的生活。学会面对，学会丢掉，才能收获一份幸福和轻松。

1. 丢掉压力

心灵的房间，不打扫就会落满灰尘。蒙尘的心，会变得迷茫。我们每天都要经历很多事情，心里的事情一多，就会变得杂乱无序，然后心也会跟着乱起来。所以，扫地除尘，能够使黯淡的心变得亮堂；把事情理清楚，才能告别烦乱；把一些无谓的痛苦扔掉，快乐就有了更多更大的空间。

2. 丢掉自卑

把"自卑"二字从我们的字典里删去吧。不是每个人都可以成为伟人，

松开手，世界就在你手中

但每个人都可以成为内心强大的人。内心强大，能够稀释一切痛苦和哀愁，能够有效弥补我们现有的不足，能够让我们无所畏惧地走在大路上。相信自己，找准自己的位置，我们同样可以拥有一个有价值的人生。

3. 丢掉烦恼

所谓练习微笑，不是机械地挪动我们的面部表情，而是努力地改变我们的心态，调整我们的心情。学会平静地接受现实，学会坦然地面对厄运，学会积极地看待人生，学会凡事都往好处想，这样，阳光就会洒进心里来，驱走恐惧，驱走黑暗，驱走所有的阴霾。

4. 丢掉消极

如果我们想成为一个成功的人，那么，请为"最好的自己"加油吧，让积极打败消极，只要我们愿意，我们完全可以一辈子都做最好的自己。自己的战争中，自己就是运筹帷幄的将军！不是所有的梦想都能成为美好的现实，但美丽的梦想同样可以装点出生活的美丽。

5. 丢掉懒惰

不要一味地羡慕人家的绝招，通过恒久的努力，我们也完全可以拥有。因为，把一个简单的动作练到出神入化，就是绝招；把一件平凡的小事做到炉火纯青，就是绝活。

6. 丢掉抱怨

所有的失败都是为成功做准备。抱怨和泄气，只能阻碍成功向自己走来的步伐。放下抱怨，心平气和地接受失败，无疑是智者的姿态。

抱怨无法改变现状，拼搏才能带来希望。不要总是烦恼生活，不要总以为生活辜负了我们什么，其实，我们跟别人拥有的一样多。

7. 丢掉犹豫

认准了的事情，不要优柔寡断；选准了方向，就只管上路，不要回头。机遇就像闪电，只有快速果断才能将它捕获。立即行动是所有成功人士共同的特质。如果有什么好的想法，那就立即行动吧；如果遇到了一个好的机遇，那就立即抓住吧。立即行动,成功无限。

8. 丢掉狭隘

宽容是一种美德。宽容别人,其实也是给自己的心灵让路。要想没有偏见,就要创造一个宽容的社会。要想根除偏见,就要首先根除狭隘的思想。只有远离偏见,才有人与内心的和谐,人与人的和谐,人与社会的和谐。

一旦丢掉了这些繁杂的役心之物,我们便能获得快乐,并且还要把自己的快乐分享给朋友、家人甚至素不相识的陌生人。因为分享快乐本身就是一种快乐,一种更高境界的快乐。

一位名人说过:"一直要到你失去了名誉以后,你才会知道这玩意儿有多累赘。"而真正的自由又是什么?盛名之下,是一颗活得很累的心,因为它只是在为别人而活着。我们常羡慕那些名人的风光,可我们是否了解他们的苦衷?其实大家都一样,希望能为自己活着,为自己活着的生活才更有意义。

世间有许多诱惑:桂冠、权贵,但那都是身外之物,只有生命最美,快乐最贵。我们想要活得潇洒自在,想要过得幸福快乐,就必须做到:学会淡泊名利享受、割断权与利的联系,无官不去争,有官不去斗,位高不自傲,位低不自卑,欣然享受清心自在的美好时光,这样就会感受到生活的快乐和惬意。

人生烦恼由内心欲望所生

心灵的负担越重,生命的脚步就越慢,以致最终会因不堪重负而停止,所以,我们要适时地放下心中的欲望,不要让心灵承载太多的负累,最终才能让自己获得恒久的快乐。

松开手，世界就在你手中

在课堂上，一位哲学老师拿起一杯水，问她的学生："你们认为这杯水有多重呢？"有的学生说有50克，也有的说有100克。

"是的，它仅仅只有100克。那么，你们可以将这杯水端在手中持续多久呢？"老师又问道。很多人都笑了，心想：只是100克而已，想拿多久就能多久！

老师没有笑，他接着说："拿一分钟，大家肯定会觉得没有问题；如果拿一个小时，大家可能会觉得手酸；如果让你拿一天，甚至拿一个星期呢？那可能得叫救护车了。"大家都笑了，但是这次是赞同的笑。

老师又继续说道："其实这杯水的重量是很轻的，但是当你拿得久了，就会觉得沉重无比。这就如同我们内心不断积聚的小小的欲望，不管它有多小，时间一久，终也将会成为你心灵的沉重负累。"

如果我们能适时地放下水杯，休息一下后再拿起，才能持续得更久。以此类推，我们也要适时地放下自己心中的欲望，让自己的心灵能有时间好好地休息一下，如此才能让自己的快乐长久些。

正如这个老师所说的：不管你的欲望有多小，随着时间的堆积，它也会成为你心灵的负累。所以，不管在任何时候，我们都要适时地放松自己，才能让自己走得更远。这就如同一张拉开弦的弓，绷得太紧就容易断，只有恰到好处，箭才能飞得更高更远，最终射到目标。在人生的旅途中，我们也需要不时地放下不需要的包袱，轻装上阵，只有这样，才能让自己走得更远。

有人说："眼睛不要睁得太大，且问，百年以后，哪一样是你的？"是的，我们每个人苦苦追寻的东西，到最终又有哪一样才是属于自己的呢？只有心灵的快乐与轻松才是生命的真谛，才能让我们的生命恒久。也就是说，心灵是称量我们生命的天平。心灵的负担越重，生命的脚步就越慢，以致最终会因不堪重负而停止，所以，我们要适时地放下心中的欲望，不要让心灵承载太多的负累，最终才能让自己获得恒久的快乐，这正是那些痛苦的大富

第十章 淡泊名利——富贵于我如浮云

翁所不了解的。那些懂得舍弃贪婪的人，每日粗茶淡饭、悠闲自得，反而更能明白幸福的真谛。

她是一个都市白领，高学历、高收入，人长得十分漂亮，身材也很好，一切都显得那么完美，让人羡慕。

每天上班，她都有着不同风格的装扮，时髦得体的她赢得了周围所有同事的称赞。在一片赞扬声中，她的虚荣心越发膨胀起来，为了更引人注目、为了追求品位，她不惜花大笔的钱去购买名贵、时尚的珠宝、名牌服装、高档箱包……她的收入毕竟有限，对时尚物质追求的强烈欲望已经让她负债累累。

有一次，在与朋友聊天的过程中，她说自己其实活得很累，别人看到的只是她光鲜亮丽的外表，但是她的内心已经疲惫不堪。她也反省过自己，超负荷地购买名牌物品似乎也没让自己真正开心过，她也想快乐起来，但是，这种欲望却让她欲罢不能。

由于内心的负担过重，原本漂亮的她也变得憔悴了许多，对生活失去了乐趣，对工作也丧失了兴趣，时常唉声叹气，人也变得悲观厌世。

让许多女孩羡慕的她本应该过得很轻松、很快乐的，但是就是因为心中越来越多的欲望让她的心灵承载了太多的负担，也让她丝毫品尝不到轻松和快乐的滋味。其实，她本人已经很漂亮了，何必要用那些外在的名贵物品去刻意地装扮自己呢！有人说："人的欲望是座火山，如不控制就会害人伤己。"我们很多人就是过多地考虑利害得失，结果总是跟在欲望后面跑来跑去，两手空空地走完自己的一生。知足者能够认识到无止境的欲望带来的痛苦。由于太贪婪了、欲望太强了，而其能力又有限，这样必然会导致可怕的后果。

在现代都市中，我们很容易被太多的欲望牵着走，得到了一段美好的感情，又想拥有一个美满的家庭，随即又想有一个可爱的孩子，还想拥有一份成功的事业……这些无止境的欲望，使我们的心灵承载了太多的负担，永远

| 松开手,世界就在你手中

没有停歇下来的时候。"累!累!累!"成了我们呼之欲出的口头语。我们在欲望的深渊中挣扎不止,不知何时才能解脱!

有些人可能会说:那些喊"累"的人是因为欲望太多了,而我对生活的要求很低,但是为何还会感到累呢?那是因为即使再小的欲望在心里放久了,也会变成负累。

人生本没有烦恼,所有的烦恼都是由人内心的欲望所生。每个人可能都有这样的体验:在年少的时候,因为无所求,所以会感到轻松、快乐。成年后,因为要面对太多的世事和诱惑,心中的欲望就越来越多,为了满足欲望,每天都在不停地拣拾,自以为装进去的都是好东西,殊不知捡起来的恰恰是无尽的烦恼。慢慢的,我们心中承受的东西越来越多,想拥有钱财、美色、饮食,想拥有权力、名望……凡是触及我们生活的东西,我们都想拥有,而这些欲望一旦得不到满足,我们的内心就会变得沉重,心里充满了烦恼,快乐自然也就消失了。

我们通常说的"地狱"在哪里呢?其实,它就在人的内心之中。在茫茫尘世中,人的欲望越多,越难满足,心灵深处的不安和愤怒之火就会越旺盛,最终将自己推向地狱的深渊。所以说,欲望是一切烦恼的根源,只有杜绝了心中的欲望,一切烦恼才会消失。

贪婪是一朵艳丽的罂粟

每个人都有欲望,都想过美满幸福的生活,都希望丰衣足食,这是人之常情。但是,如果把这种欲望变成不正当的欲求,变成无止境的贪婪,那我们就会在无形中成为欲望的奴隶。

第十章 淡泊名利——富贵于我如浮云

从前有一位波斯商人，他要去远方淘金。出发时，他带了50个奴仆，还有150头骆驼。

一天晚上，这个商人在别墅里邀请了一个好朋友。他对好朋友说："我现在真的是太富有了，我在土耳其存着一批货，我在印度有一批花色齐全的商品，所以，我决定让自己放松一下。我想去亚历山大住一阵儿，那边空气好，有益于身体健康。不过，地中海风浪太大，现在时机好像还不太好。所以，我准备再做一次旅行，从此以后就深居简出，不再外出经商了。"

朋友好奇地问："是吗？那这次旅行你有什么打算？"

商人说："我准备去一趟中国。因为我听说，硫磺在中国能卖个好价钱，而我手里又有不少硫磺。我可以和中国人交换瓷器，然后把瓷器带到希腊，再把希腊或威尼斯的绸缎带到印度，把印度的铁带到阿勒颇，把阿勒颇的玻璃品带到也门，再从也门把花布带回波斯。这样，我就能收获不少钱。到那个时候，我就可以彻底退休了。"

见朋友没有说话，他说："你怎么了？你也谈谈你的看法吧，说不定对我还有帮助。"

朋友笑了笑，说："我给你讲个故事吧。前一段时间，一个商人在沙漠里行走，突然从骆驼上掉了下来。他临死前说，贪婪的眼睛如果不满足，终究会被黄土封住。"

听完朋友的话，商人沉默了许久。没过多长时间，他决定放弃这次行程，来到了地中海，享受起属于自己的生活。

很多人都像这位商人最初的想法一样，将人生的包袱紧紧地压在心头。明知道这样很辛苦，但就是不愿意放下，结果弄得自己又苦又累。每个人都有欲望，都想过美满幸福的生活，都希望丰衣足食，这是人之常情。但是，如果把这种欲望变成不正当的欲求，变成无止境的贪婪，那我们就会在无形中成为欲望的奴隶。

松开手，世界就在你手中

其实，在我们的一生中，每一个人所拥有的财物，无论是房子、车子，无论是有形的，还是无形的，没有一样是属于自己的。那些东西不过是暂时寄托于我们，有的让我们暂时使用，有的让我们暂时保管而已。到了最后，物归何主都未可知。总是对身外之物有着无尽的贪婪，那么到头来，幸福、快乐也会对我们无比刻薄。

一个聪明的人就要学会修剪自己的欲望，不让那些不必要的贪念支配我们的生活，这样才能享受到生活的美好，就像这个商人一样，最后他听了朋友的话，及时地遏制住了自己的贪婪之心，从而享受到了属于自己的生活。

从前有一个乞丐，他经常自言自语地说："我真想发财呀！如果我发了财，我要让所有的乞丐都有房子住，吃饱穿暖，我绝不做吝啬鬼……"

就这样，他一遍遍地祈祷，终于有一天，一个神仙找到他。神仙对他说道："我听到你的祈祷了，你就要发财了，我这就给你一个有魔力的钱袋。这钱袋里永远有一枚金币是拿不完的。但是，在你觉得够了的时候，就必须把钱袋扔掉，才可以开始使用那些金币。"说完，神仙就不见了。

这个乞丐惊讶地揉了揉眼睛，以为自己在做梦。不过，他发现自己身边真的出现了一个钱袋，里面装着一枚金币！乞丐把那枚金币拿出来，里面又有了一枚。于是，乞丐不断地往外拿金币，他一直拿了整整一个晚上，金币已有一大堆了。看着这些钱，乞丐想：这些钱已经够我用一辈子了。

第二天一早，他拿着这些钱，准备到街上买面包吃。但是，在他花钱以前，必须扔掉那个钱袋。他舍不得扔掉那件宝贝，他又继续从钱袋里往外拿钱。每次当他想把钱袋扔掉的时候，他就总觉得钱还不够多。

就这样，日子一天天过去了，他的金币越来越多，多到可以买下一个国家。可是，他总是对自己说："还是等钱再多一些才好。"于是，他不吃不喝，拼命地拿钱，金币已经快堆满一屋子了，但他却变得又瘦又弱，脸色蜡黄。他虚弱地说："我不能把钱袋扔掉，金币还在源源不断地出来啊！"

没过多久，因为滴水未进的缘故，这个已经成了大富翁的乞丐变得非常虚弱。但即便如此，他还是在用颤抖的手往外掏金币。最后，由于又累又饿，他死在了成堆的金币里。

在现实生活中，如这个乞丐一般的人不在少数。他们总是希望拥有得越来越多，爬得越来越高，结果当然是疲惫不堪，反而让自己丢失了更多：健康、亲情、友谊乃至生命。有一个故事叫《猴子下山》，它就给我们灌输了贪婪导致一无所有的思想。其实，在生活中，父辈们也会在我们的耳边念叨：做人要本分，不要丢了西瓜捡芝麻。他们用他们的生活经验告诉我们人生的道理，做人不能贪婪。的确，我们每天都在奔波劳碌，每天都在幻想填平心里的欲望，但是那些欲望却像是反方向的沟壑，越是想填平，它们就向下凹得越深。

我们要知道，欲望太多，就成了贪婪。贪婪就好像一朵艳丽的罂粟，美得令我们兴高采烈、心花怒放，于是我们就不对它设防，忘了它其实是有毒的，是一种让我们身心疲惫却永远也感受不到幸福的毒……一旦中了贪婪的毒，我们的心灵被索求占据，我们的双眼被虚荣模糊，我们就永远不会懂得生活的真谛，因为陷于贪婪之中的人，除了对财富感兴趣，不会将其他事情放在心上。一旦财富流失，就会变得暴躁、沮丧，以为世界末日即将来临，从而患得患失，不愿睁开双眼看看世界的美妙。所以，为了一份快乐的心情，为了一份美好的生活，我们要将贪婪这朵有毒的罂粟彻底地从我们的心里拔出。

人生在世，有时候会伴随着欢笑与快乐，但有时候也会被忧虑与烦恼所侵扰。很多时候，我们会烦恼是因为我们的内心被欲望所侵染，于是心中就充满了矛盾、忧愁、烦恼，会感到痛苦和惶惑。我们想要得到心灵的快乐，就不应该一味奢求华屋美厦、不垂涎山珍海味、不追名逐利、不扮贵人相，过一种简朴素净的生活。一些外在的财富也许不如人，但内心充实富有才是真正的生活。否则，每天都处于抱怨、急躁的情绪之中，又怎能感受到生活的轻松呢？

> 松开手，世界就在你手中

所以，我们要"时时勤拂拭"，要拭去落在心灵上的灰尘，把一些美好的东西保留下来，把世俗的杂念抛弃，这样才能找回自己那颗宁静的心，品尝到来自内心的沁人心脾的馨香。

忌妒是自己给自己套上的枷锁

忌妒会一步步侵蚀人的心灵。英国哲学家培根曾说，忌妒这恶魔总是在暗暗地、悄悄地毁掉人间的好东西。

忌妒是一把枷锁，会将人的心灵困住。忌妒，是对别人的优势以心怀不满为表现特征的一种自惭、不悦、怨恨和恼怒，是一种带有破坏性的负面情感体验。因此，忌妒也被解释为，"因别人比自己强而怨恨"。怀有忌妒之心的人认为：我没有做的，你也别想做；我没有的，你也不能有；我办不到的，你也休想实现。

忌妒是一把双刃剑，伤害着别人也伤害着自己。因为忌妒，人们通常会为了自己的利益而做出一些类似荒谬之事。这其实是一种极其短浅的眼光，是一种非常浅薄的思维。我们生来具有一种竞争的天性，每个人都希望比别人强，当别人比自己强的时候，我们会愤怒、会感不到不公平、会不快乐，这些都是忌妒别人的表现，这种忌妒心理让我们感到痛苦。

忌妒程度有浅有深，程度较浅的忌妒，往往深藏于人的潜意识中，不易觉察，如自己与某同学是好朋友，他的学习成绩、能力等都较强，对自己的好朋友并不想加以攻击，但在内心总有一点酸楚。而程度较深的忌妒，会自觉或不自觉地表现出来，如对能力超过自己的同学进行挑剔、造谣、诬陷等。

第十章 淡泊名利——富贵于我如浮云

在日常生活中,忌妒的存在是很普遍的。英国科学家培根说:"在人类的一切情欲中,忌妒之情恐怕要算作最顽强、最持久的了。"历史上,忌妒往往导致血淋淋的恶果。忌妒会成为庞涓的诡计,使孙膑遭受膑刑;会成为曹操的宝剑,使杨修辕门喋血;会成为曹丕的豆萁,使曹植釜中受煎。古往今来,忌妒导演着一场场演不完的历史悲剧,换了古装又着新衣。

世界上只有弱者、失败者或自叹不如人者才忌妒。所以说,忌妒绝对不是一种积极的心态。忌妒的人不能容忍别人的快乐与优秀,会用各种手段去破坏别人的幸福与成功。有的人挖空心思采用流言蜚语中伤他人,有的人采取卑劣手段想方设法摧毁对方。这种人自卑、阴暗,享受不到阳光的美好,体会不到人生的乐趣,永远生活在黑暗的世界里。

忌妒的人往往心胸狭窄、缺乏修养。这些人常常会因为看似一些微不足道的小事而产生忌妒心理,别人的哪怕一点点比他强的地方都会成为他忌妒的缘由,甚至会把自己的忌妒心理转化成消极的忌妒行为,从而严重地破坏人际关系。

忌妒是一种比较复杂的心理状态。忌妒的人表现为焦虑、恐惧、悲哀、猜疑、羞耻、自咎、消沉、憎恨、敌意、怨恨、报复等不愉快情绪。别人天生的身材、容貌、聪明、才智,都会不小心成为他忌妒的对象;别人的地位、荣誉、成就、财富、威望等有关社会评价的内容,也都容易成为他忌妒的目标。

美国某警察局抓到一个一次烧毁8部汽车的犯罪分子。犯罪分子供认不讳地说:"我买不起一辆汽车,我也不愿意任何人有车。"

他感到烧车比偷车令自己"满意"。汽车不过是富人的代步工具,烧了车似乎可以阻止富人更快地取得财富。

忌妒会一步步侵蚀人的心灵。英国哲学家培根曾说,忌妒这恶魔总是在暗暗地、悄悄地毁掉人间的好东西。它是一种极想排除或破坏别人优越地位的心理倾向,是含有憎恨成分的激烈感情。在个体之间差异性很小、外界条件基本相同的情况下，很容易产生忌妒心理，这种心理具有明显的对抗性，会引发消极情绪，导致极端的攀比行为，严重的可能会危害他人的利益，从而使自己也受到良心和道德的谴责。

对忌妒心强的人来说，忌妒是自己给自己套上的枷锁，只会让自己感受到更大的痛苦。

忌妒心理影响身心健康，忌妒心强的人容易得身心疾病。忌妒不仅使精神受到折磨，对身体也是一种摧残。忌妒心强，直接影响人的情绪，可能使自己结交不到知心朋友，忌妒心强的人往往事事好胜，常想方设法阻止别人发展，总想压倒别人，这可能会使朋友想躲开自己，不愿与自己交往。

克服性格上的忌妒心，还需要我们自己打开身上的枷锁。

1. 停止拿自己与别人比较

比较自己和别人拥有的事物会让我们变得很悲哀。当我们有辆更漂亮的车或有份更好的工作时，这种类型的比较能满足我们的虚荣心，让我们自我感觉良好，但这只是暂时的，因为这种心态最终会让我们去留意那些比我们拥有更多的人。到了那时，我们就不会再自我感觉良好了。

这世上总有人比我们拥有得更多、更好，所以在这场较量中，我们不可能"赢"，与别人比，我们永远只能一时高兴。

另一种更有效的方法是与自己比较。检视自己的成长和收获，评价自己的付出和所得，思考自己的经历和规划，这将使我们变得更积极，情绪更稳定，因为我们不再与他人比较，不会再为他有我无的事情感到忌妒了。

2. 培养丰富、洒脱的心态

忌妒常常来自生活中某一方面的"缺乏"。我们觉得忌妒，也许因为别人得到了我们想要的工作或等待的机会，因为我们害怕一旦失去它们，我们的生活将跌至谷底。

比较自己与别人是这种"缺乏感"的征兆。因为别人得到了我们想要的东西，所以我们忌妒。总是有这种"缺乏感"会扰乱我们的想法、感觉和生

第十章 淡泊名利——富贵于我如浮云

活，它会引起忌妒这种强烈的负面情绪，让我们被忌妒纠缠，并不断强化和持久化这种情绪。为了摆脱这种局限和破坏的心态，我们可以让自己洒脱一点，告诉自己，新的机会随时都会有。

总有新的商业机会、新的考试、新的朋友等着我们——这种想法能减少我们的压力，能让我们把上一次失利归咎于自己的失误，而非别人夺走了我们的机会。

洒脱的心态让我们获得内在的情绪自由，并让我们更放松更积极。要相信，培养洒脱的心态在拒绝或克服忌妒上是很重要的。当我们知道这世上机会有很多时，便没什么好忌妒的了。所以，每当我们发现自己又被忌妒纠缠上时，记得把焦点从"缺乏"转到"丰富"上，我们就能洒脱应对了。

3. 承认忌妒

洒脱的心态对于克服忌妒有效，但还有一个有益的方法，当忌妒这种负面情绪已影响我们一段时间，而我们也无法立即摆脱它时，不妨试试：停止与忌妒斗争，承认它，接受它。这听起来也许有点反常，但当我们抵制一种情绪时，我们往往给了它更多的能量。相反，若我们接受一种情绪，我们便能随意地看待它，停止给它提供能量，最终这种情绪将会消失。

4. 培养豁达的人生态度

心胸开阔，要懂得"天外有天，人外有人"、"强中自有强中手"，这是客观规律。学会看到自己的长处。一个人在忌妒别人时，总是注意到别人的优点，却不能注意自己比别人强的地方。其实任何人都有不如别人的地方，当别人在某些方面超过我们时，我们可以有意识地想一想自己比对方强的地方，这样就会使自己失衡的心理天平重新恢复到平衡的状态。

5. 把忌妒转化为动力

要搞清楚忌妒的消极因素，然后努力地将这个消极因素转化成积极的动力。变忌妒别人的成功为对别人成功的祝福，然后下决心赶上和超过别人，这便是积极的心态。

> 松开手，世界就在你手中

在我们的日常生活中，只有解开忌妒的枷锁，人生之路才能越走越宽，才能在人生中找到自己成功的法则。人生如飞翔，忌妒之心如石头，石头越轻，才能飞得越高。

不为不可为，不求不可求

欲望无边，人心有度，一切随缘才是王道。人都是有欲望的，这是无可非议的，但欲望与能力要有一个平衡点。

茫茫人海，芸芸众生其实也都在追逐着各自的"食物"，有人为吃不到的"食物"而黯然神伤；有人为吃到了"食物"而欢呼雀跃；有人为吃到更多的、更好的"食物"而绞尽脑汁。隋朝王通有句名言："廉者常乐无求，贪者常忧不足。"人一旦有了贪的欲望，放弃了清廉，就会在贪欲的泥沼中沉沦，直至堕入万劫不复的深渊。

老子说："罪莫大于可欲，祸莫大于不知足，咎莫大于欲得。"所以道家强调"无为而无不为"。然而，大千世界中的芸芸众生并不因此而变得无欲无求。王国维说道："生活之本质何？欲而已矣。"真切地道出了生活与欲望的关系，也说明了人与欲望的不可割裂性。

生命在拥有与失去之间不经意地溜走了，而人们却还在一味地盲目追求所谓的"物质幸福"中浑然不知。不管是金钱、地位还是房子，无论朝着这个目标前进的步伐有多快，人们还是会觉得很慢，会因此烦恼，此时最容易受伤。其实，很多东西是可遇不可求的，不必为此苦苦追求，耗费一生中不必要的精力，有很多东西是我们所拥有的，却不懂得珍惜。

第十章 淡泊名利——富贵于我如浮云

欲望无边，人心有度，一切随缘才是王道。人都是有欲望的，这是无可非议的，但欲望与能力要有一个平衡点。当欲望和能力之间发生严重不协调时，或者抵制欲望的膨胀，或者增加自己的能力。美好的东西实在数不胜数，我们总是希望得到尽可能多的东西，其实欲望太多，反而会成为负担，凡事淡泊明志，宁静致远，才会活着不累。

有这么一则寓言故事：一头狮子和一只狼同时发现一头小鹿，于是商量好同去追捕那头小鹿，它们合作良好，当狼把小鹿扑倒时，狮子便上前一口把小鹿咬死。但这时狮子起了贪念，不想和狼平分这头小鹿，于是想把狼也咬死，可是狼拼命抵抗，后来狼虽然被狮子咬死，但狮子也受了很重的伤，无法快乐地享受美味。

知足智在知不可行而不行，不知足慧在可行而必行之。若知不行而勉为其难，势必劳而无功；若知可行而不行，这就是堕落和懈怠。这两者之间实际是一个"度"的问题，在随缘的心态下，一切都会变得合理、正常，我们还会有什么不切合实际的欲望和要求呢？

心理学家彻斯认为"顺其自然"的生命行为至关重要。生命中许多活动的流程就是生命中的满足，没有必要加快脚步做好每一件事，更没有必要为寻找快乐而到达终点，顺其自然就可以，生命中的快乐就是乐天安命，一切自然地水到渠成。

随缘之道，教我们要有一颗平常心，不为不可为，也不求不可求。多病的人渴望健康，没钱的人渴望发财，单身的渴望爱情。欲望有高有低，乞丐只渴望一餐饱饭，千万富翁还想成亿万富翁。欲望的尽头就是贪婪，"欲壑难填，做了皇帝想成仙"，人的贪婪是非常可怕的。老虎吃饱了，对身边吃草的小鹿都视而不见，可是有的人却对自己存款后几位的零永远不拒绝。

达·芬奇说："谁不能控制邪欲，谁就把自己摆在畜生行列。"刘安说："患生于多欲，害生于弗备。"对于欲望要把握一个度。随缘就要合理控制自己的欲望，管理自己欲望增长的速度和发展的方向。适当的欲望是人行动的

松开手，世界就在你手中

原始动力，让人上进，但过多的欲望则让人沉沦，深陷其中，正所谓过之则为恶，少之则为善。

某大公司准备以高薪雇用一名小车司机，经过层层筛选和考试之后，只剩下3名技术最优良的竞争者。

主考者问他们："悬崖边有块金子，你们开着车去拿，觉得能距离悬崖多近而又不至于掉落呢？"

"2米。"第一位说。

"半米。"第二位很有把握地说。

"我会尽量远离悬崖，愈远愈好。"第三位说。

结果这家公司录取了第三位。

告别贪婪，要倍加珍惜已经拥有的东西。列夫·托尔斯泰说："热爱你所拥有的。"陌生人给我们的一点点关怀，我们都会感动不已，而我们的亲人怎么宠爱我们，我们都可能视而不见。越容易到手的东西，越容易被忽视；越得不到手的东西，常常会更加渴望。

人的一生，时光和精力都是有限的。让有限的时光、精力造就人生巨大的成功，就必须专注于对成功价值最大的事情。选准自己的目标，实实在在地去做，不要被别人的成功搞得三心二意，不要争一时之长短，计一时之得失，要按照自己既定的目标，适度地进取。这就是要有所为、有所不为才大有所为，既不为不可为，也不求不可求。